化石の科学

日本古生物学会 編集

朝倉書店

序

　『化石の科学』の出版は古生物学の一般的な普及を目的にしている．現在の急速な経済と科学の進展を，十分支えるまでに自然の理解を高めることが私達の責務であるが，本書にはむしろもう少し切実に，化石の研究を通じて地球や生命の歴史を顧みることも現在の日本に必要であることを，ぜひ理解して頂きたいとの執筆者の願いが込められている．本書は古生物学の専門の教科書ではないので網羅的でもなければ，代表的な例を選んでいるわけでもない．ほんの少しの研究例をもち寄ったにすぎない．しかし，やむをえない例外はあるが，その大半は日本のオリジナルな研究を紹介している．したがって本書から日本独特の古生物学の一端を知ることができる．

　本書の内容は三部に分かれている．第1部ではまず化石とはどのようなものなのかが紹介される．次に化石やそれを含む地層から，昔生きていた生物がどのようなもので，今から何年くらい前に，どのような環境下でどのような生活をしていたのかを，復元する方法が説明される．これは見方をかえれば，昔生きていた生物がどのような情報を残し，それが，どのような経過を経て失われ，現在見られるような化石となったのかを推定することになる．昔の生物に関する情報は，現在生きている生物中にも保存されている．「生きている化石」と呼ばれる現生生物は，このような視点から古生物学の一研究分野となっている．最後に現生生物より得られる知識が化石を理解するうえで重要な役割を果している例が示される．化石から古生物を推定しようという視点から事実を見つめる第1部の内容は，古生物学に特有の研究分野であり，地質学的手法を駆使している．

　第2部では古生物の研究が紹介される．ここでは古生物が進化してきた道筋をたどるとき，その基本となる相同の考え方が説明される．次に，いくつかの系統についてその出現より絶滅に至る進化の道筋が推定され，進化のパターンが，進化機構の理論によって解釈される．また一方，現在でも謎の多い絶滅の原因についての解釈が示される．また古生物の形態が，その機能と，それを取り巻く環境への適応の面からも解析される．最後に，昔の生物社会の一端を示す共生の例や，古生物地理についてのトピックスが紹介される．第2部の内容は，古生物の営んできた生命現象の研究であり，これによって昔の生物に対する認識はいっそう深められる．

　第3部では，一方には，化石の研究から解明された太古の生命の姿や進化の事実が，自然についての私達の理解を深め，常識の世界を広め，思想に潤いを与えていることが解説され，他方には，化石が人間の生活にどのように役立つかが説明される．そこではまず化石の研究が，地層の対比や時代の決定，地質構造の解明，プレート移動の裏付け，過去の環境の推定などを通じて地質学，地球物理学，自然地理学，人類学などの多くの隣接する基礎科学の研究に貢献していることが解説される．そして次に，化石そのものが天然資源となって人間の生活に役立ったり，化石を利用して天然資源が開発されたりする，化石の多様な利用例が紹介される．そして，最後に過去の生物の研究から未来の生物の行く末が見通される．

　本書は日本古生物学会創立50周年の記念事業の一つとして，私達の研究している古生物学の研究内容の一端を紹介しようと企画された．編集委員会は，この企画にご協力下さり，まだ学界に報告されていないような内容まで投稿して下さった執筆者の皆様に心より感謝する．編集委員会は当初小澤智生，小畠郁生，谷村好洋，花井哲郎，速水　格のメンバーで出発したが，小澤が転任し東京を離れたため，そのあとに山口寿之，大路樹生が加わり，第1部を花井と山口，第2部を速水と大路，第3部を小畠と谷村がそれぞれ分担して編集を行い，その間，山口が幹事として仕事を推進させた．最後に，出版にあたってこられた朝倉書店のご助力に感謝する．

　　1987年10月

　　　　　　　　　　　　　　　　　　　　　『化石の科学』編集委員会委員長　　花　井　哲　郎

目　次

1　化石とは

化石とは……………………………………………………………2
大きな化石－フタバスズキリュウ………………………………4
小さな化石…………………………………………………………6
こはく中の昆虫……………………………………………………8
普通の化石…………………………………………………………10
植物の化石…………………………………………………………12
最新の化石…………………………………………………………14
生命の起源と最古の化石…………………………………………16
化石を拡大する－1－……………………………………………18
化石を拡大する－2－……………………………………………20
今から何年前？……………………………………………………22
化石と古生物………………………………………………………24
化石の産状…………………………………………………………26
生痕化石……………………………………………………………28
謎の生痕化石………………………………………………………30
タフォノミー－産状が語る化石のたどった道…………………32
研究者をだます化石化作用………………………………………34
生きている化石－幻の $Manawa$……………………………36
生きている化石－ウミユリ（海百合）…………………………38
化石生物を理解するための現生生物の研究……………………40

2　古生物の研究

古生物の研究………………………………………………………44
ベレムナイトという怪物－相同の追跡…………………………46
アンモナイトの初期殻体構造……………………………………48
アンモナイトの繁栄と絶滅………………………………………50
アンモナイトの口球部を復元する………………………………52
コンピュータによる形態解析……………………………………54
進化の道筋－フズリナ類の長期にわたる系列漸進進化の好例…56
貝類の二型現象と進化の様式……………………………………58
大量絶滅……………………………………………………………60
タカハシホタテの適応戦略－中生代型生活様式の復活………62
カキの殻の機能形態………………………………………………64
貝形虫の形態と性行動……………………………………………66

ほ乳類の栄枯盛衰……………………………………………………68
形態変化のパターン－漸進説と断続説……………………………70
収れん現象とは－ペンギンモドキ鳥, プロトプテルム…………72
形質連鎖による腕足動物の適応戦略………………………………74
床板サンゴと巻貝の共生……………………………………………76
日本の新生代貝類化石群と海の古生物地理………………………78
コケムシとヤドカリの共生…………………………………………80
ワラス線とプレートテクトニクス…………………………………82

3　化石の応用

化石の応用……………………………………………………………86
古生物学は私達の思想に潤いを与える……………………………88
示準化石（標準化石）………………………………………………90
コノドントと日本の地史……………………………………………92
放散虫と日本の地史…………………………………………………94
地層の上下と堆積順序を推定できるU字形生痕化石……………96
成長線からわかる過去の環境………………………………………98
プランクトン化石と古海洋…………………………………………100
昔　の　水　温………………………………………………………102
示相化石のメガロドン類……………………………………………104
古気候と化石の形態－化石葉の組織（表皮構造）………………106
化石や生物を載せて動く大陸－環太平洋沿岸地域へ衝突・付加した
　　フズリナ石灰岩を載せた海山群および地塊群………………108
中生代の針葉樹類材化石の分布……………………………………110
耐火材や沪過材として利用される化石－珪藻土, チャート……112
豊かな文明を支える石灰岩…………………………………………114
石材として利用される化石－都会は太古のギャラリー…………116
石油の素材としての化石生物………………………………………118
石油の探鉱・開発に役立つ化石－暗闇の地下深部で懐中電灯の役目を
　　果たして石油を発見する微化石………………………………120
有孔虫化石からみた黒鉱鉱床の形成環境…………………………122
貝殻成長線と古代人の生活カレンダー－人類の生活の背景……124
過去を通して未来をさぐる…………………………………………126

写真・図の出典………………………………………………………128
索　　　引……………………………………………………………129

執筆者紹介

花井哲郎*	東京大学名誉教授 大阪学院大学教授	小澤智生	名古屋大学理学部地球科学教室助教授
長谷川善和	横浜国立大学教育学部地学教室教授	川合康司	前兵庫教育大学地学教室
岡田尚武	山形大学理学部地球科学教室教授	平野弘道	早稲田大学教育学部地学教室教授
藤山家徳	前国立科学博物館地学研究部	神谷隆宏	金沢大学理学部地学教室
加瀬友喜	国立科学博物館地学研究部	森田利仁	早稲田大学教育学部地学教室
植村和彦	国立科学博物館地学研究部	郡司幸夫	神戸大学理学部地球科学教室
鎮西清高	京都大学理学部地質学鉱物学教室教授	坂上澄夫	千葉大学理学部地学教室教授
池谷仙之	静岡大学理学部地球科学教室教授	小笠原憲四郎	東北大学理学部地質学古生物学教室
岩崎泰頴	熊本大学理学部地学教室教授	左向幸雄	化石友の会
大村明雄	金沢大学理学部地学科助教授	猪郷久義	筑波大学地球科学系教授
野田浩司	筑波大学地球科学系教授	八尾昭	大阪市立大学理学部地学教室講師
山口寿之*	千葉大学理学部地学教室助教授	田村実	熊本大学教育学部地学教室教授
金沢謙一	学術振興会特別研究員	大野照文	京都大学理学部地質学鉱物学教室助教授
前田晴良	京都大学理学部地質学鉱物学教室	高柳洋吉	東北大学名誉教授
速水格*	東京大学理学部地質学教室教授	大場忠道	金沢大学教養部地学教室教授
野原朝秀	琉球大学教育学部地学教室教授	木村達明	(財) 自然史科学研究所長
大路樹生*	東京大学理学部地質学教室	斉木健一	東京大学大学院理学系研究科
棚部一成	東京大学理学部地質学教室助教授	綱田幸司	前早稲田大学理工学部資源工学教室
大塚康雄	九州大学理学部地質学教室	谷村好洋*	国立科学博物館地学研究部
小畠郁生*	国立科学博物館地学研究部部長	斎藤靖二	国立科学博物館地学研究部室長
松川正樹	西東京科学大学理工学部地学研究室助教授	米谷盛寿郎	石油資源開発 (株) 技術研究所
福田芳生	千葉県衛生研究所	北里洋	静岡大学理学部地球科学教室助教授
岡本隆	愛媛大学理学部地球科学教室	小池裕子	埼玉大学教養部生物学教室助教授

(執筆順, *印は編集委員を示す)

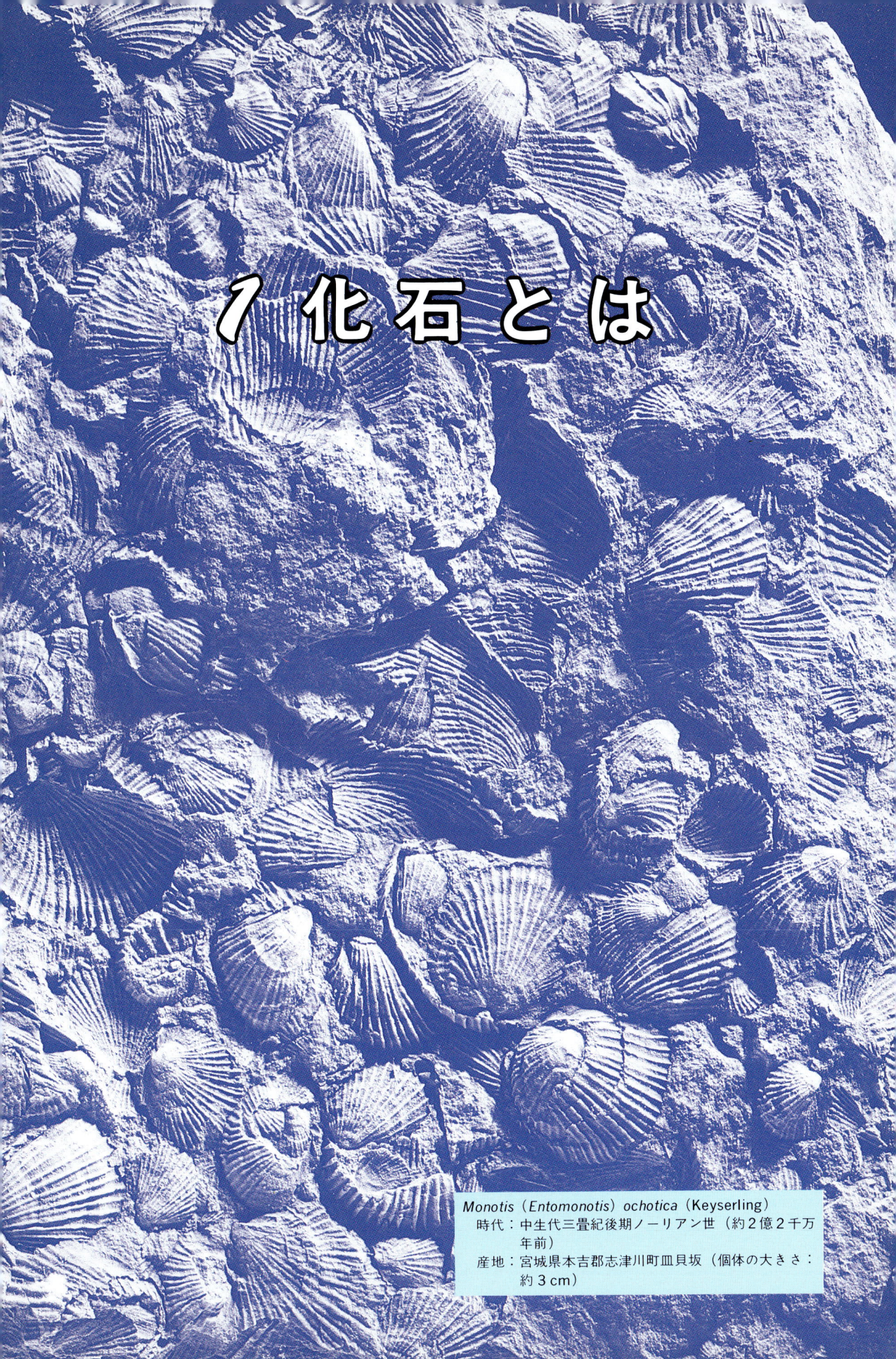

1 化石とは

Monotis（*Entomonotis*）*ochotica*（Keyserling）
時代：中生代三畳紀後期ノーリアン世（約2億2千万年前）
産地：宮城県本吉郡志津川町皿貝坂（個体の大きさ：約3cm）

化石とは

　地質時代の生命の記録が化石である．地質時代の生物の遺骸そのものだけではなく，生物の生活活動や生活様式を示すような生命の残した痕跡はすべて化石と呼ばれる．

　化石は自然が何万年も，何億年もかけてつくり，保存してきたものであり，人間にはつくることができない．化石は堆積物中に保存されている．その気になって探せばどこにでも見られる．化石は見方によっては宝石よりも貴重な地球の財産である反面，見方によっては路傍の石にすぎない．化石がどんな価値をもつかは，見方しだいでどうとでも変わる．

　私達は化石からいろいろなことを学んできた．化石がなければ，太古の昔にSF作家の想像さえも及ばないような怪物が，この地球上をかっぽしていたことはとてもわからなかっただろう．化石がなければ，何十億年もの昔から現在まで，生物の歴史をたどることもできなければ，私達の思想に大きく影響を与えている生物進化の学説も生まれてこなかっただろう．石油や天然ガスや石炭は，大昔の生物の残

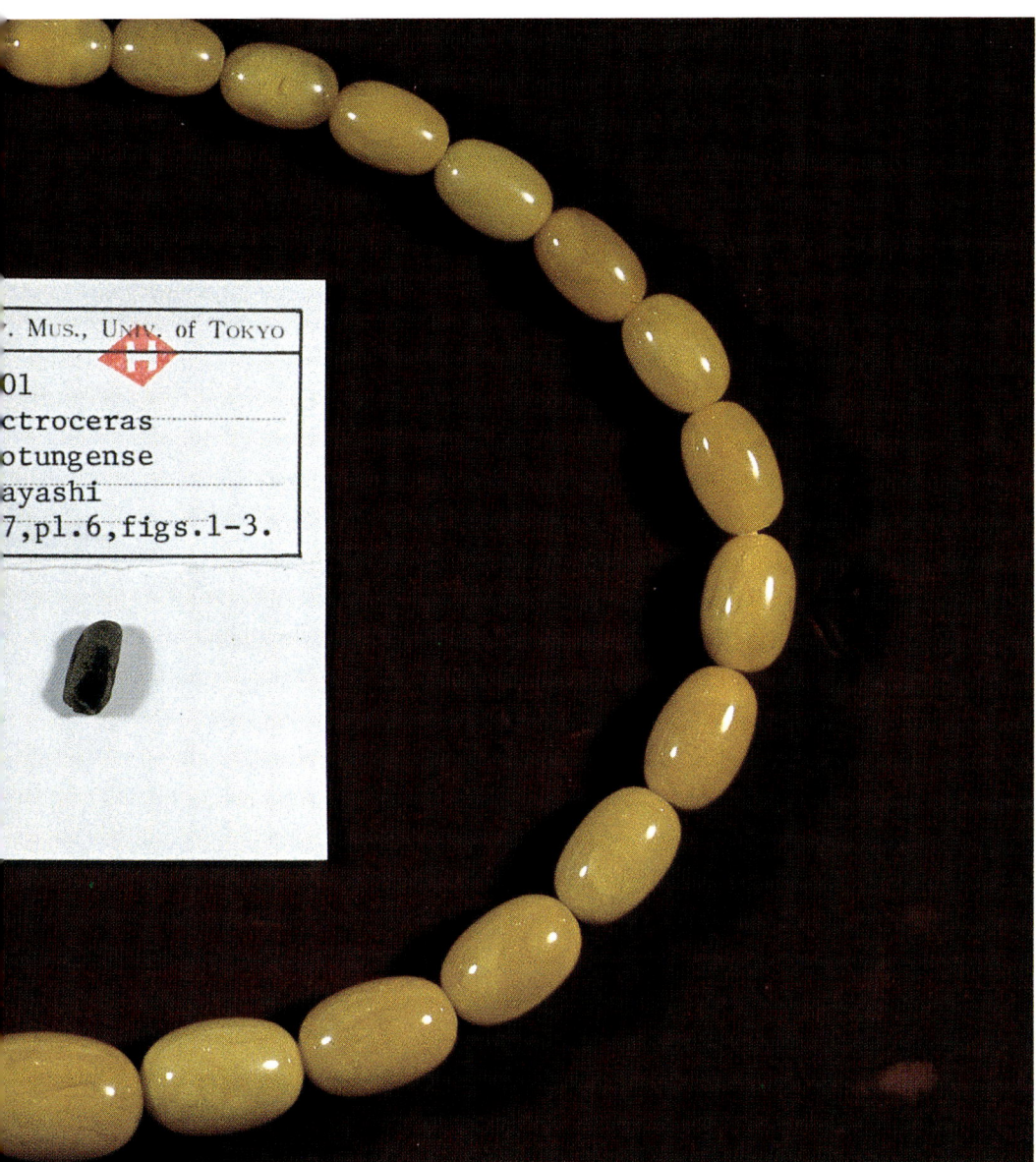

みがかれたこはく（琥珀）やこはくの首飾りと一見したところ路傍の石としか見られない化石
　この貧弱な見かけの石ころは，実は *Plectronoceras liaotungensis* Kobayashi という世界最古の頭足類（オウムガイ，アンモナイト，ベレムナイト，イカ，タコの仲間）の化石である．戦前に中国大陸の上部カンブリア系よりこの化石が発見され，頭足類の祖先がどんなものであったかが初めて明らかになった．現在東京大学総合研究資料館に保存されているきわめて貴重な標本である．

してくれた化石の燃料であり，セメントの主な材料になる石灰岩も大部分は化石である．だから化石は私達の毎日の生活に欠くことのできない生物の遺産だともいえる．それどころか，これなしにはほんのつかの間でも私達が生きていることができない空気中や水中の酸素にも，すでに化石となった植物が生産したものを含んでいるなどと，考えたことがあるだろうか．私達が化石から，そして大昔の生物から受けた思想的な，また物質的な恩恵を思うと，とても路傍の石を足げにはできなくなる．

（花井　哲郎）

①

大きな化石―フタバスズキリュウ

　フタバスズキリュウは，福島県いわき市久之浜町入間沢を流れる大久川の川岸で発見された．昭和43年(1968)のことである．当時平工業高校2年生だった鈴木直君は化石採集のためこの地を訪れ，材化石とは違う骨らしいものを3個ほど掘り出した．これが発端である．それから，私と国立科学博物館の小畠氏が中心になって発掘を続け，2年後の秋に終了した．頭骨・椎骨・胸骨・肋骨・骨盤・四肢骨など骨格上重要な部分がほとんど発見された．その特徴は，長い首をもつエラスモサウルス類に似ていた．胃に相当する部分から石(胃石)が40個ほど発見された．前肢や後肢の部分からは多くのサメの歯が見つかり，肩甲骨の付け根と背骨のきょく突起の先端には，サメの歯が突き刺さっていた．すぐ近くには

① 後肢および脊椎
　丸い石は胃石と思われる．
② フタバスズキリュウの頭部（右側面，×0.53）
　抜け落ちた歯が珍しい．

　フタバスズキリュウの子供の骨盤や摩滅した骨片がいくつも発見された．その地層が堆積した当時（白亜紀）この近海にはフタバスズキリュウの仲間が多かったのだろう．骨格を見ると，体を支えるための骨盤や肩甲骨の発達が悪い．彼らは陸上生活には不向きで，完全な水中生活者であったことがうかがえる．また流木やイノセラムスがいっしょに見つかるので，フタバスズキリュウは浅い海に生活していたのだろう．この首長竜はアジア地域では初めての化石であり，これらのグループの系統を考えるうえで重要な種類と考えられている．

（長谷川　善和）

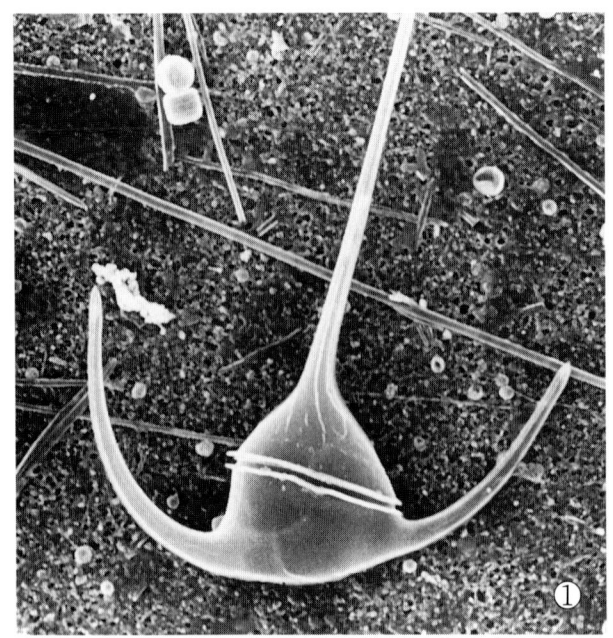
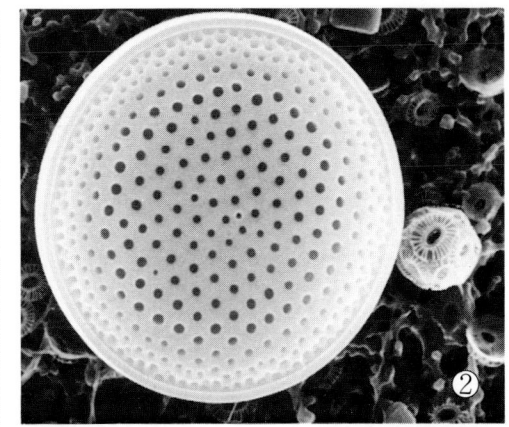
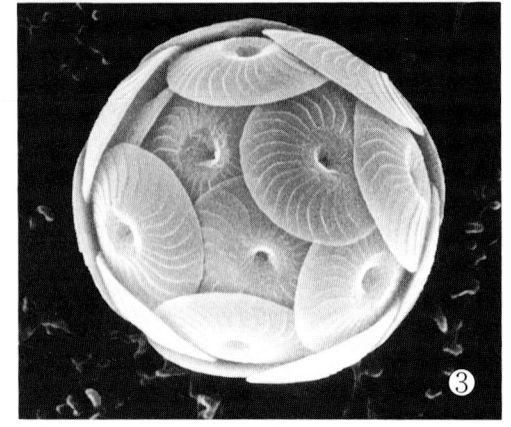

小さな化石

　肉眼ではよく見えない小さな化石は微化石と呼ばれる．海には何億年も前からいろいろな動物・植物プランクトンが大量にすんでおり，世代交代を繰り返しては，それこそ星の数より多い死骸が海底に沈殿していった．微化石の多くはこれらの死骸の骨格が化石になったもので，炭酸カルシウムやシリカでできた無機質のものと，有機質のものとがあるが，中には硫酸ストロンチウムでできたものさえある．

　海底に堆積する砂や泥には，これらの微化石が多く含まれる．中でも陸地から河川で運ばれる土砂の少ない外海では，堆積物中に占める微化石の割合が極端に多くなり，ほとんど微化石だけでできた海底堆積物も珍しくない．たとえば，英仏海峡や北海沿岸の白い崖として知られているチョーク（白亜）は，植物プランクトンの石灰質ナノ（ナンノ）プランクトンや動物プランクトンの有孔虫の化石が濃集してできたものであり，地質時代の海底に堆積したものが，その後の地殻変動によって陸上に顔を出すようになったものである．

　石灰質ナノプランクトンの化石を一般にナノ化石と呼ぶが，ナノというのは 10^{-9} の単位を表すと同時に，ごく小さいものの形容詞でもある．ナノ化石の中には実際の大きさが 10^{-3} mm に満たないものさえあり，詳しい観察には電子顕微鏡を必要とするが，これこそ文字どおり小さい化石のチャンピオンといえよう．またヨーロッパでは，今から約１億年前に堆積したチョーク層から切り出した天然チョークが板書用として普通に使われていて，いうなれば，ナノ化石を黒板に塗り付けて文字や絵を書いていることになる．

　これらの微化石は小さい岩片にも多く含まれており，種の組合せが短期間に入れ替わるので，地層の年代決定と対比に重要な役割を果たしている．

（岡田　尚武）

① 渦鞭毛藻（中央大型のもの）と比べるとたいへん小さな珪藻（白っぽい円形のもの）[現生の植物プランクトン]
② 珪藻（左側の円盤状のもの，大きさ約 40 μm，1 μm は 10^{-3} mm）と比べて断然小型の石灰質ナノプランクトン（右側の球形のもの）[現生の植物プランクトン]
③ 現在の石灰質ナノプランクトンの一種 *Calcidiscus leptoporous*. 直径約 16 μm. 球体を構成している円盤状のものをココリスといい，これがばらばらになって海底に堆積したものがナノ化石である[現生の植物プランクトン]
④ デンマークの海岸にみられるチョークの崖

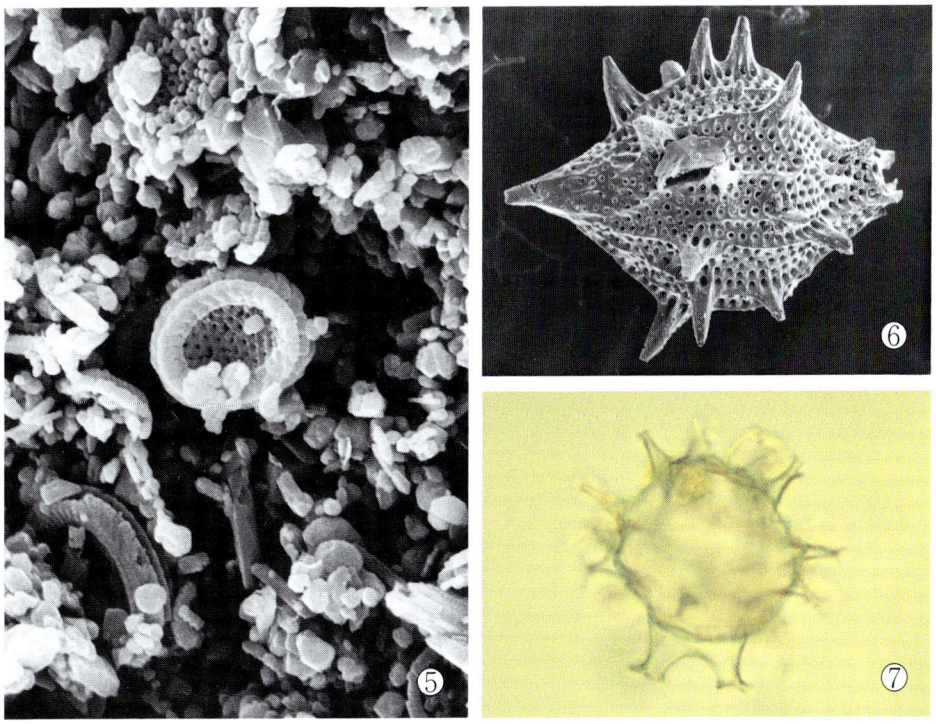

⑤ チョークの走査電子顕微鏡写真．方解石でできたナノ化石とその破片でできていることがわかる．
⑥ 岐阜県の美濃帯から産出したジュラ紀の放散虫化石 *Unuma echinatus*. 大きさは約 360 μm．殻はシリカでできている（写真提供：宇都宮大学教養部　相田吉昭氏）．
⑦ 大阪湾海底の地下から産出した渦鞭毛藻 *Spiniferites bulloides* の休眠胞子の化石．大きさは約 80 μm．殻は有機物でできている（写真提供：山形大学理学部　原田憲一氏）．

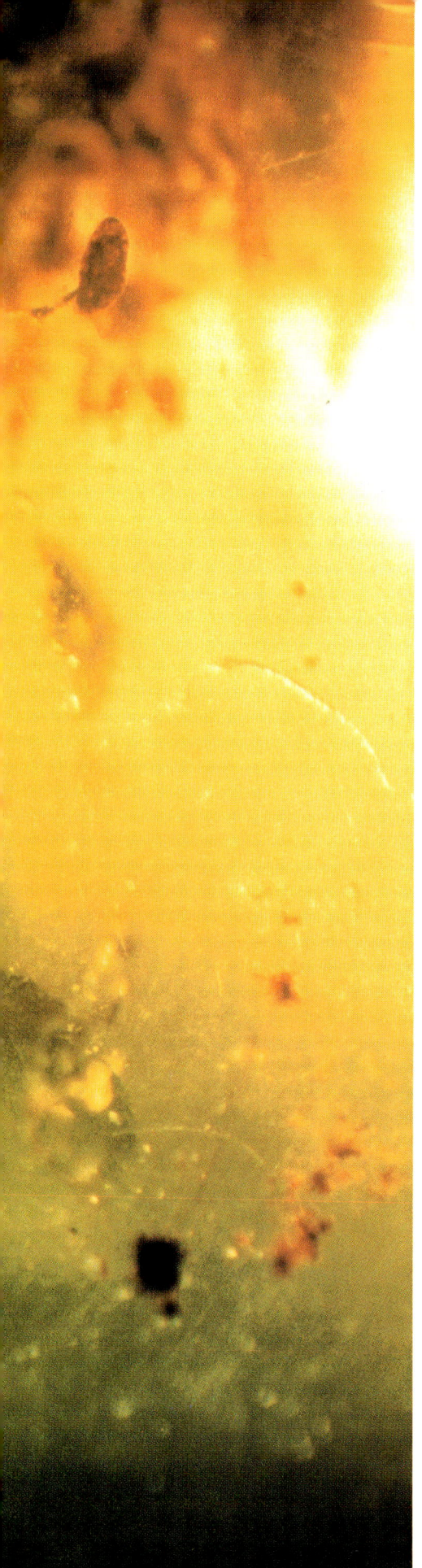

こはく中の昆虫

　こはく（琥珀）は樹木の幹からしみ出した樹脂が地層中で変わったもので，樹脂の化石ということもできる．こはくは通常黄色から赤褐色のものが多く，透明なものから濁ったものまでいろいろある．純粋なものは塩水より軽く，容易に水に運ばれて地層中に堆積し，その地層が海中に露出するときには海岸に打ち上げられることもある．

　白亜紀や第三紀には樹脂を生産する樹木が繁茂し，多くのこはくのできたところがあった．その中には，樹脂がまだ柔らかだった頃に取り込まれたいろいろな種類の昆虫や，クモなどの生物が含まれることがある．こはくに封じ込められた昆虫は何百万年，何千万年もの間その微細な構造を保ったまま保存されている．

　虫入りこはくは，装飾品としても珍重されているが，古昆虫学の研究に数多くの貴重な資料を提供してきた．今まで虫入りこはくといえばもっぱらバルトこはくで，旧ケーニヒスベルグ（現在のカリーニングラード）の大学には10万点に及ぶ昆虫化石が集められていたという．現在，標本市場には，バルトこはくに代わって，ドミニカ産の虫入りこはくが出回っている．

　日本のこはくは，歴史的には縄文時代に始まり，古墳時代にその利用が盛んで，岩手県久慈のものが関西方面まで運ばれていたらしい．江戸時代にも採掘が続けられ，200年ほど前の古文書に"虫入りこはく"の字が見られる．近年現地の関係者により，こはく中の昆虫化石が再発見された．久慈こはくの時代が白亜紀後期であるため，現代型の昆虫の発達史に対する貢献が期待できる．

（藤山　家徳）

写真は久慈産のハエの一種（×20）

①

②

普通の化石

　博物館に展示されたり化石図鑑に載せられている化石の多くは，その優美な形や色の美しさに目を見張るものが多い．それらは化石の中でもむしろ例外的に保存のよいものである．普通の化石は長い地質時代の間に地層中で物理・化学的な作用を受けて，原形をとどめない状態となっている．つまり，石灰質あるいはキチン質などの殻や骨格が他の鉱物に置換されたり著しく変形し，地表付近のものでは地下水などの作用で完全に溶け去って，雌型・雄型（印象）の状態で発見されることが多い．過去の地球の歴史や生物の歴史を理解する古生物学の研究分野では，そうした保存状態のあまりよくない普通の化石に頼ることが多い．保存状態のよい化石の新たな発見が従来の知識を一変し，古生物学の進歩につながることになる．

③

④

　ここに図示した化石（①）は，岩手県大船渡市大船渡の白亜紀前期船河原層の巻貝化石で，保存状態が普通に悪い標本である．この標本はかなり変形し，殻が中途半端な状態で溶解しており，巻貝化石の形態を理解して鑑定することは困難である．このような化石は過去の生物進化の一端を表しているにもかかわらず，その意義を理解されないまま葬り去られているのである．もう一方の標本は，岩手県大船渡市鬼丸の石炭紀前期の日頃市層産巻貝化石（*Euomphalus* sp.）（②～④）である．この化石は上述の標本と同様に保存状態の普通に悪い標本であるが，巻貝の殻は完全に溶け去り，貝殻の内側と外側が岩石表面に印象として残されている．このような化石では，粘土・石膏・シリコンゴムなどを用いて型取りすることで，本来の化石の形状を復元することができる．②は雌型の化石（約 0.65 倍），③は雄型の化石，④は雌型からシリコンゴムで型取った模型である．

（加瀬　友喜）

植物の化石

　一口に植物化石といっても珪藻のような単細胞のものから，長さが20mをこえるような材化石までさまざまな種類の化石と保存のされ方がある．木の葉石や珪化木のような陸上植物の化石は，目につきやすいということもあって一般にはなじみが深い．

　植物化石の保存状態をみると，他の化石と同様に，植物体の細胞間隙に鉱物質が沈着したもの（石化，②），炭化し，多少とも圧縮変形を受けたもの（圧縮，④，⑤など），さらに植物の形が母岩中に押し付けられ残されたもの（印象，①）に分けることができる．細胞の細かい組織まで保存される石化化石は，植物学的にも最も有用な資料となるが，外部形態の検討が難しいことも多い．圧縮化石の場合も表皮細胞など丈夫な組織の検討が可能であるが，乾燥すると小片化するなど全形保存には必ずしも適していない．これらに対し，印象化石の場合は，細胞レベルでの検討は行えないものの，化石産出の普遍性が高く，全形保存にも適している．それぞれ過去の植物についての貴重な情報を秘めているといえよう．

　植物化石を産出状況や堆積相に注意しながら丹念に収集することによって，私たちは地質時代の森林の有様を知ることができる．さらに，現在の植生が気候とよく対応していることからわかるように，植物化石は過去の気候についてのよい指示者である．たとえば，葉が大型で，葉縁に鋸歯がなく，厚組織（常緑）で，しばしば葉頂が尾状に発達（滴下尖端）する植物は湿潤熱帯に多い．こうした観相的特徴と，化石と近似な現生種の分布域の気候情報を解析することによって，より確かな古気候復元が可能である．

（植村　和彦）

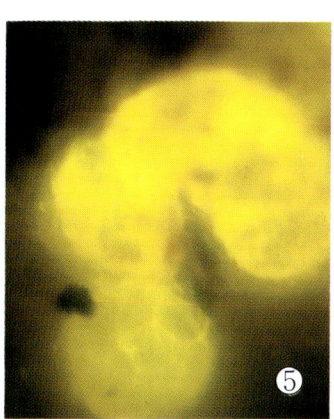

① ニレ属の一種 *Ulmus carpinoides* Goeppert（×2.4，中新世平牧層，岐阜県可児市平牧）
② 炭酸カルシウムで石化された木生シダの茎の横断面，葉柄で記載された *Yezopteris polycycloides* Ogura と同一種と考えられる（×2.3，白亜紀，北海道苫前郡古丹別町）
③ コンプトニア *Comptonia Kidoi* Endo 圧縮化石の例，顕微鏡でみると多数の葉上菌類が見られる（×2.7，鮮新世手の子層，山形県東置賜郡川西町）
④ オオバダグルミの果実 *Juglans cinerea* var. *megacinerea* Miki（×1，鮮新世-更新世魚沼層，新潟県十日町市東下組）
⑤ マツ科花粉の蛍光顕微鏡写真（×90；中新世畑村層，秋田県仙北郡南外村）
⑥ キノコ（担子菌類の子実体，*Parapolyporites japonica* Tanai）木に着生した状態で発見された（×0.7，中新世神戸層群，神戸市須磨区）

最新の化石

　人からよく「どのくらい新しいものまで化石というのですか」と尋ねられる．頭のよい人が「地質時代の生物の遺骸や遺跡を化石といい，それより新しい現世の生物の遺骸や遺跡は化石とはいわない」と答える．地質時代というのは更新世までのことである．確かにこれは，私達が一般に使っている化石という言葉の意味をおおむねうまくいい表している．しかしよく考えてみると更新世の生物の遺骸と，現世の生物の死骸とどれだけ違うというのだろう．しかし，だからといって私達は，今死んだ生物の死骸を化石とはいわない．

　生きている生物が死ぬと，生きていたときに成長し，維持してきた生物体が，それを取り囲む環境に物理・化学的に安定した物質になるまで崩壊する．その間にうまく崩壊をまぬがれて，昔生きていたという証拠を残すことに成功すれば，その生物は，化石として残るだろう．そこでは生物体を崩壊させようとする力と，それに抵抗して化石として残ろうとする力が衝突をしている．

　たとえば今朝食べた味噌汁の中身のシジミ（ヤマトシジミ）の殻を例にとる．貝殻は化石となって最もよく残る生物体の一部である．生きているシジミは，殻の縁に沿って殻を成長させている．一方シジミの殻の頭（殻頂）の部分は，炭酸ガスをたくさん含んだ酸性の淡水のために，シジミが生きているうちに溶けて，もうこの衝突が始まっている．人間の頭の頑固さにも似たところがある．　　　　　（花井　哲郎）

生命の起源と最古の化石

　生物はいつ，どのようにしてこの地球上に出現したのであろうか．この問題は古くから多くの人々の興味の的であり，さまざまな分野の科学者がこの問題に迫ろうと努力を重ねてきた．

　しかし今でもわかっていないことの方が多い．研究者の多くは，生命は地球上で，現在とまったく違う環境が支配していた先カンブリア時代の初期に，簡単な炭素化合物から出発して自然合成された，という考えのもとで研究を進めている．生命の源が地球外に由来するという考えが科学的に否定し去られたわけではない．しかし，この場合でも，その生命が地球外でどのようにして生じたかという問題は残る．

　生命の起源に関する研究として，酸素分子がほとんど存在せず，二酸化炭素が多かったと考えられる先カンブリア時代の地表環境の中で，どのようにして無機物から有機物が合成され，それが適切に組み合わされて生命体に発展したか，を実験的に解明しようとする研究がある．仮にその研究が成功して，実験室の中で生命が出現したとしても，その実験は，生命の誕生の一つの可能な道筋を示したにすぎない，ということになろう．

　では一方，化石からの証拠はどうであろうか．できるかぎり古い岩石の中から生命の痕跡を探す，ということも生命の起源を探る研究としてきわめて重要である．

　現在わかっているかぎり，最も古い年代の岩石はグリーンランド西部に露出している変成岩で，今から約38億年前という年代が得られている．この岩石からも，化石ではないかという微小な物体の報告があるが，確実なものと一般に認められてはいない．しかし，これより少し新しい34億年前の岩石からは，南アフリカで，現在も生息している藍藻類と呼ばれる単純な生物にきわめてよく似た小球体（直

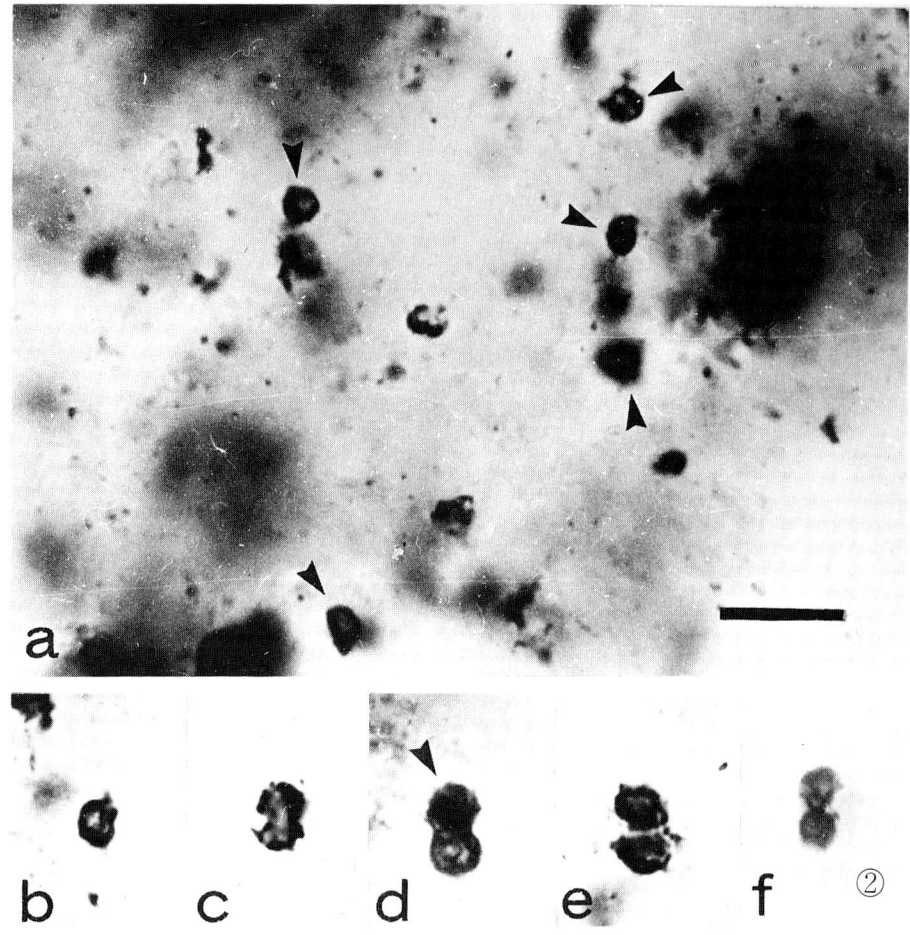

① 西オーストラリア・ピルバラ地域のワラウォーナ層群から発見された約35億年前のストロマトライト．風化したチャートの面，写真の横幅が約35 cm（Groves ら，1981 より引用，Groves の好意による）
② 南アフリカ・スワジランド系中の藍藻類と思われる化石（約34億年前）で，細胞分裂（？）が見られる（b〜f）．スケールは 1/100 mm〔Knoll, A.H. and Barghoorn, E.S.：*Science*, **198**(4315)：28, 1977 (Copyright 1977 by the AAAS)〕

径 2〜4 μm）が発見されている．またこれらが集まって生育し，できたマット（藻被）上に堆積物粒子が沈殿して形成されたストロマトライトと呼ばれる構造は，西オーストラリアなどで，35億年ほど前の岩石から報告されている．

この最古の化石は形態がきわめて単純で，しかも1種類しか見つからない．約20億年ほど前になると，世界のあちこちで，同じように顕微鏡でやっと認められるくらいの大きさではあるが，20種類をこす多様な藻類の化石群が発見されている．これらの多くは，はっきりした細胞の核をもたない原核生物（藍藻類，菌類など）であるが，中には核をもつ真核生物（原核生物以外のすべての生物）ではないか，と思われるものも認められている．

このように，化石の記録からは，地球が46億年ほど前に形成されてから10億年くらいあとには，単純な構造ではあるが，すでに光合成というきわめて複雑な生命活動を営む生物が存在していたことがわかるのである．そしてそれがしだいに種類を増し，複雑さを増して，現在のわれわれに至った道筋を，化石から跡付けることができる．

（鎮西　清高）

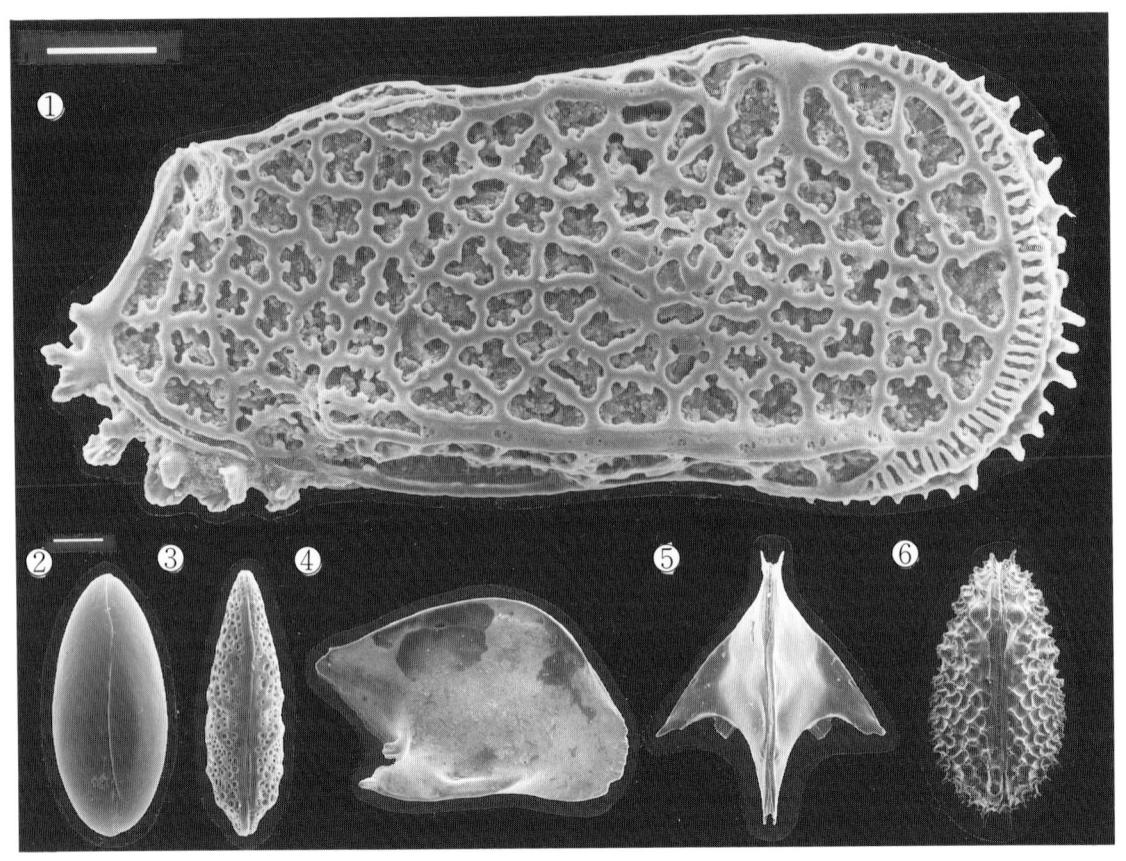

化石を拡大する ―1―

　肉眼でその存在を確かめることができ，また手に取って観察することもできる化石もあるが，ルーペや顕微鏡，ときには電子顕微鏡を使わなければ存在を確認できない微化石もある．そのような小さな化石であっても，拡大して観察してみると驚くほど多様な微細構造が保存されていることがわかる．

　ここにあげた写真は，駿河湾の海底堆積物の中から取り出された"介形虫"の殻の表面を，走査型電子顕微鏡で撮ったものである．介形虫（節足動物・甲殻類）はミジンコに似た生物で，石灰質からなる左右2枚の殻を背負い，その殻が生物体を含み保護している．その生物体は死後分解され，その殻（普通0.5 mm前後）が化石として保存される．殻の表面は，ほとんど装飾のないのっぺりしたものから網目や突起などの複雑な装飾をもったものまで，種類によってさまざまである．この殻構造の多様性は，何を意味するものであろうか．また，なぜ，いつ，どのようにしてこのような現象が生じたのであろうか．これらの疑問を考察し，研究するのが古生物学である．

　介形虫は古生代の初めに出現し，現在も世界のあらゆる水界に生息している．潮だまりで岩の上や海草の間を歩き回ったり，水中を泳いだり，海底の表面をはったり，また堆積物に潜ったりしている．その生活する環境や生活様式も多岐にわたっている．そして，これらの環境や生活様式の相違が殻の形態や構造と深く関係している．たとえば，遊泳性種②が水の抵抗を少なくするようなのっぺりした殻表面と薄い殻をもつのに対して，砂底種①，③は突起の少ない装飾と厚く頑丈な殻をもっている．泥底

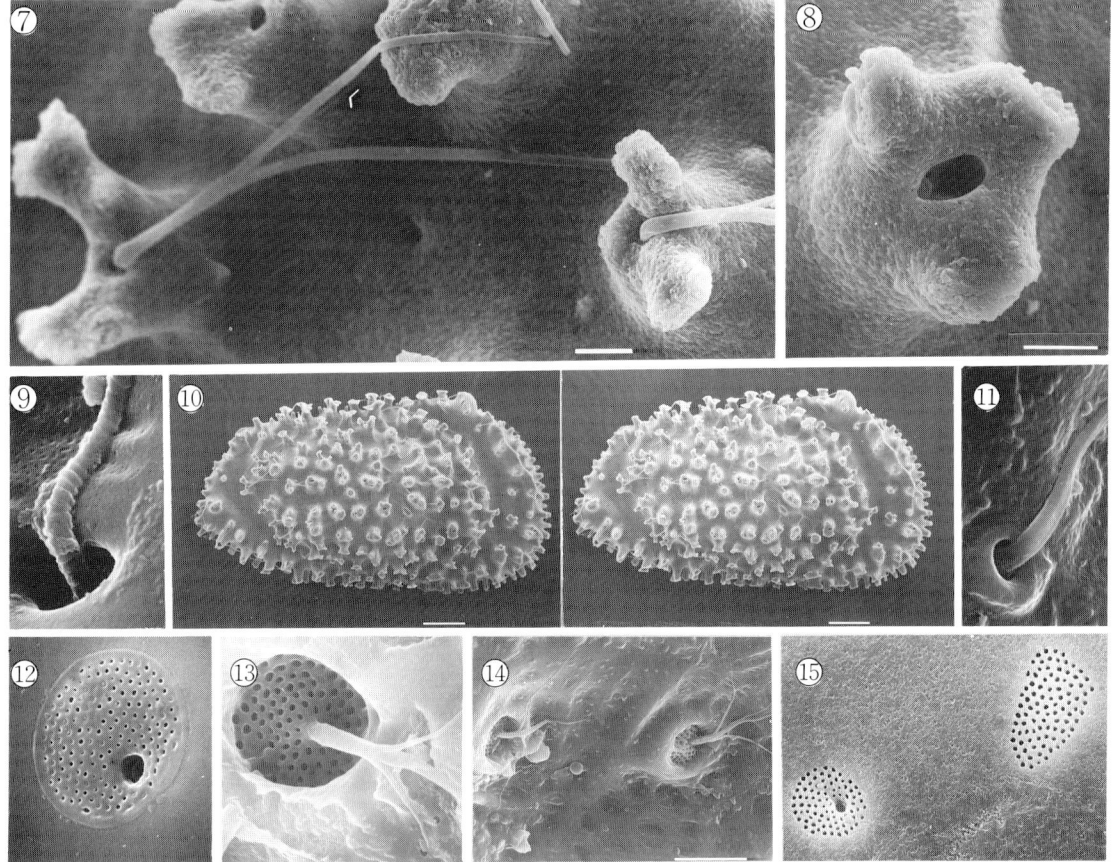

① *Cletocythereis rastromarginata* (Brady)
② *Physocypria* sp.
③ *Neocytherideis punctata* Ikeya & Hanai
④, ⑤ *Kobayashiina hyalinosa* Hanai
⑥ *Pistocythereis bradyi* (Ishizaki)
⑦, ⑧, ⑩ *Trachyleberis scabrocuneata* (Brady)（⑩は立体眼鏡を使うと立体的に見える）
⑨, ⑪〜⑮ いろいろな種類の垂直微小孔と感覚子
　　［①〜⑥および⑩のスケールは100 µm，その他は⑦，⑧，⑭のスケールで10 µm（1 µmは10^{-3} mm）］

種のうち堆積物の表面をはう種類④，⑤は，軟らかい堆積物中に沈み込まないように腹部に翼に似た殻の張り出しがみられ，その殻も薄い．また堆積物に潜る種類⑥，⑩は，いろいろな形の突起をもち厚い殻のものが多い．

　介形虫の活動は，腹部の2枚の殻の間から付属肢を動かして行われるので，殻を閉じたときは二枚貝のように外部との接触はなくなってしまうようにみえる．ところが，殻の表面には多数の垂直に開いた微小孔が発達し，そこから剛毛が外に出ているのが観察される（⑦〜⑮）．これらの剛毛は神経末端の感覚子と見なされ，この器官を通じて生物体は外部と交流しているのである．これらの器官もまた種類ごとに多様性をもち，さまざまな構造を示す．化石になると剛毛も生物体と同様に失われるが，微小孔の形態や構造が保存されるので，これらの微細構造を解析することによって過去の生物の生活様式や機能を推定し，その進化の過程を追跡することができる．

（池谷　仙之）

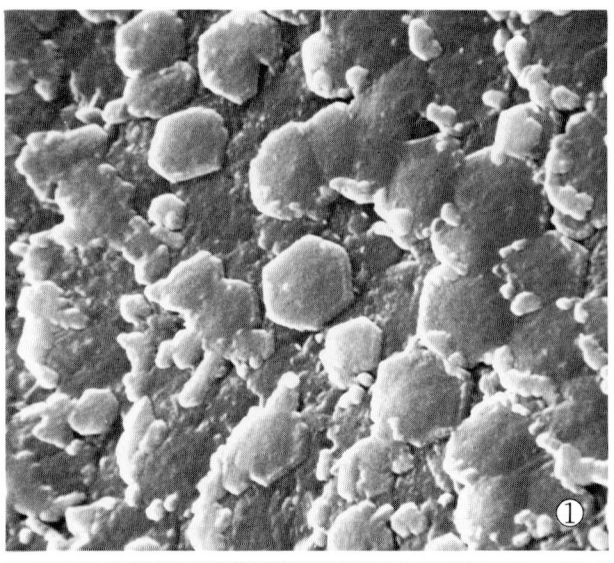
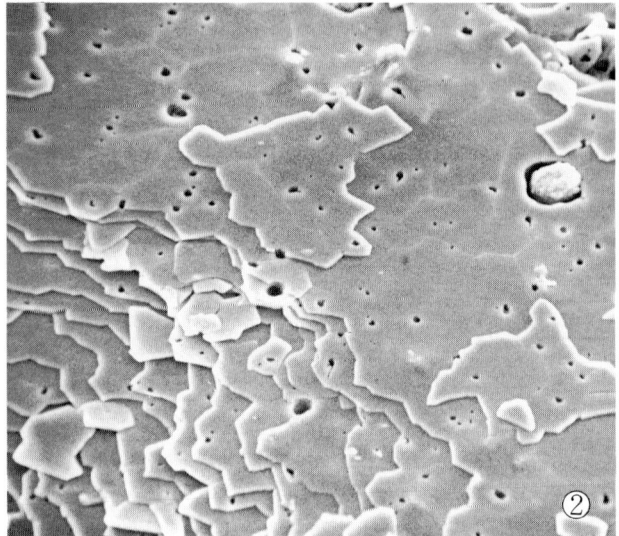
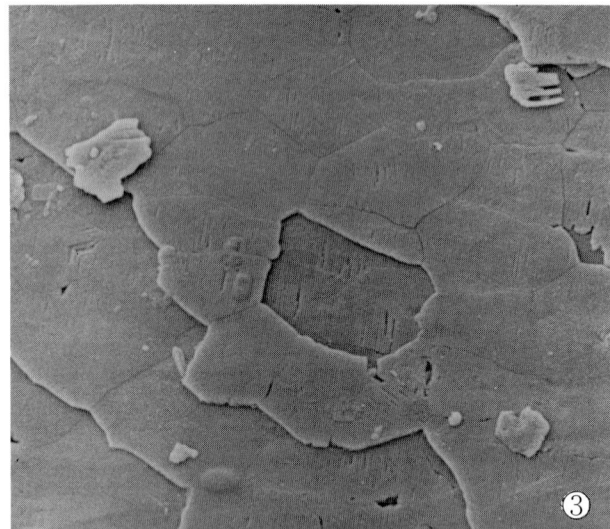

① イシガイの殻の内表面に見られる真珠構造（×3540）
② 土中に埋もれていたアコヤガイの殻の真珠構造
（×1060）
表面は色つやを失い崩れかけている．
③ 1億年前のイシガイ類の殻（中国産）に残っている
真珠構造（×3840）
すでに色つやは失われている．
④ イシガイの殻の真珠構造の成長表面（×2070）
⑤ イシガイの真珠構造の断面（×2100）
⑥ イシガイの殻の真珠層を酸でわずかに脱灰したもの
（×2360）
真珠構造のすき間には有機基質が詰まっていた．
⑦ イシガイの真珠構造の表面（×3540）

化石を拡大する —2—

　二枚貝や巻貝の殻は，炭酸カルシウムの結晶とタンパク質などの有機基質とが細かなネットワークをつくっている．その組合せは，すべての貝がみな同じではなくいく通りかあって，肉眼でもよくみるとそれぞれ見かけが異なる．真珠はその美しい光沢が魅力的なために珍重されているが，これも結晶と有機物質とが独特に組み合わさってできたもの，つまり貝殻と同じ構造の一種なのである．本来は貝の体内に紛れ込んだ砂粒などの異物の周りに，貝がつくりだしたものが真珠であるから，どんな種類の貝にもあるものだが，美しい光沢は真珠構造と呼ばれる殻の構造だけにみられる．わが国ではもっぱらアコヤガイという二枚貝に，別の貝殻から削り出した球を無理に挿入して，表面に貝殻と同じ真珠構造をつくらせるのである．だからアコヤガイの殻の内側は美しい真珠光沢をしている．淡水にすむイシガイの類も殻の内側が真珠光沢をしているから，同じ条件で美しい真珠をつくる．

　真珠の表面は，柱状のアラレ石の結晶の集まってできた $10\,\mu m$ ほどの厚さの多角形をした板が，有

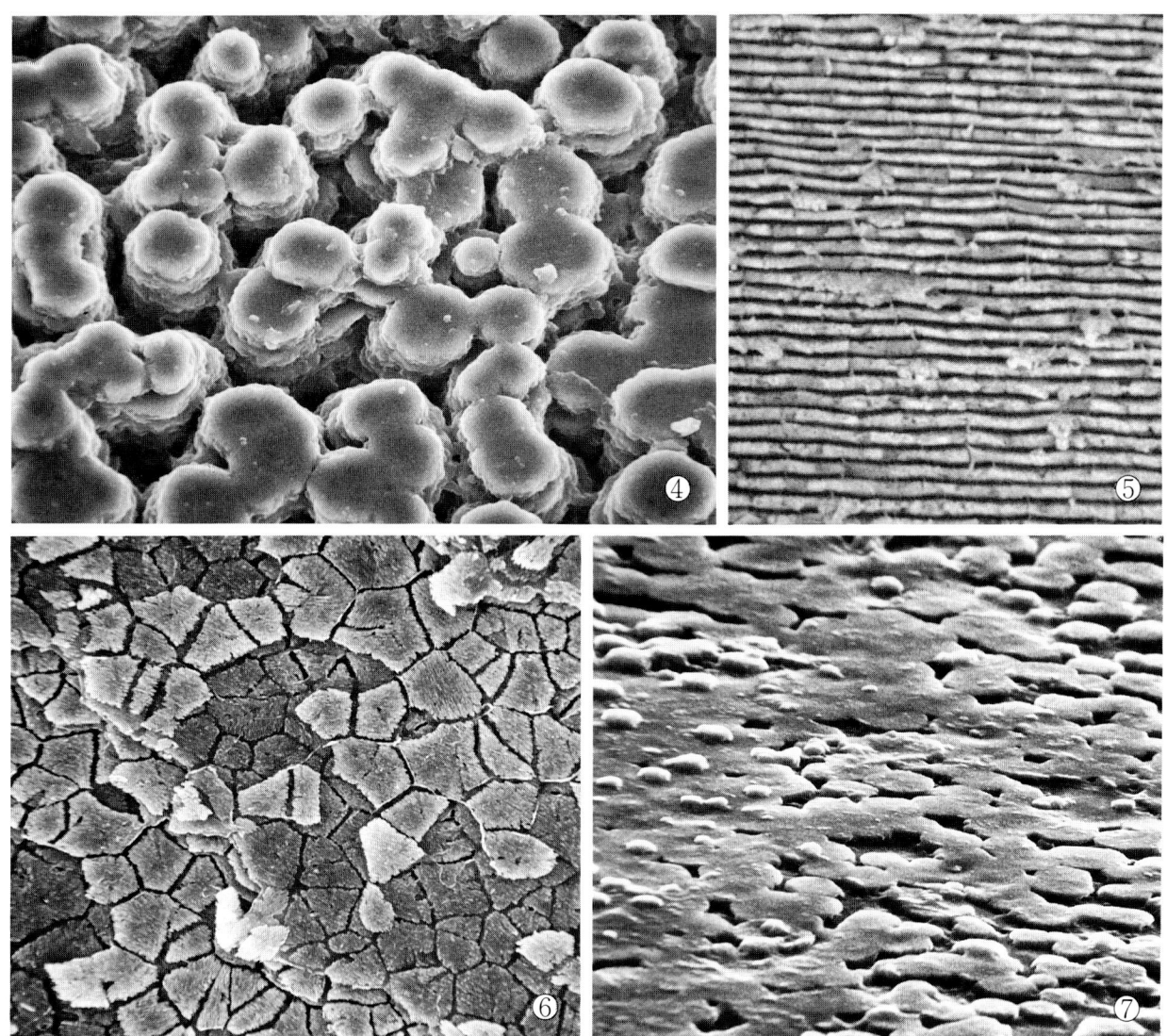

　機基質の薄い膜を介してびっしりと並んでいて，その様子は走査型電子顕微鏡でみるとよくわかる．その断面をみると，それぞれの板はれんがを積み重ねたようになっていて，有機基質はその間を埋めるセメントの役目をしている．真珠の美しさの秘密はここにある．

　貝殻の真珠構造は，1億年も前のイシガイの化石にもみられる．おそらく真珠もあったことだろう．それどころか古生代の初め頃（5億年前頃）に出現した，最も古い貝にも真珠構造のあることが知られている．しかし化石には，現在の真珠のような美しい光沢はもはや残っていない．長い年月の間に結晶が変質したり，セメントの役目をしている有機物が失われて，結晶の板がばらばらになってしまっているからである．だから真珠は，ダイヤモンドのような宝石と違って熱や薬品に弱いのはもちろんだが，時間が経てば，あの光沢を失ってしまうことだってある．真珠に似せて人工的につくったものもあるが，微細な構造はまるで違うものだし，本物と見比べると微妙な輝きも異なっている．貝でなければつくり出せない不思議な宝石である．

（岩崎　泰頴）

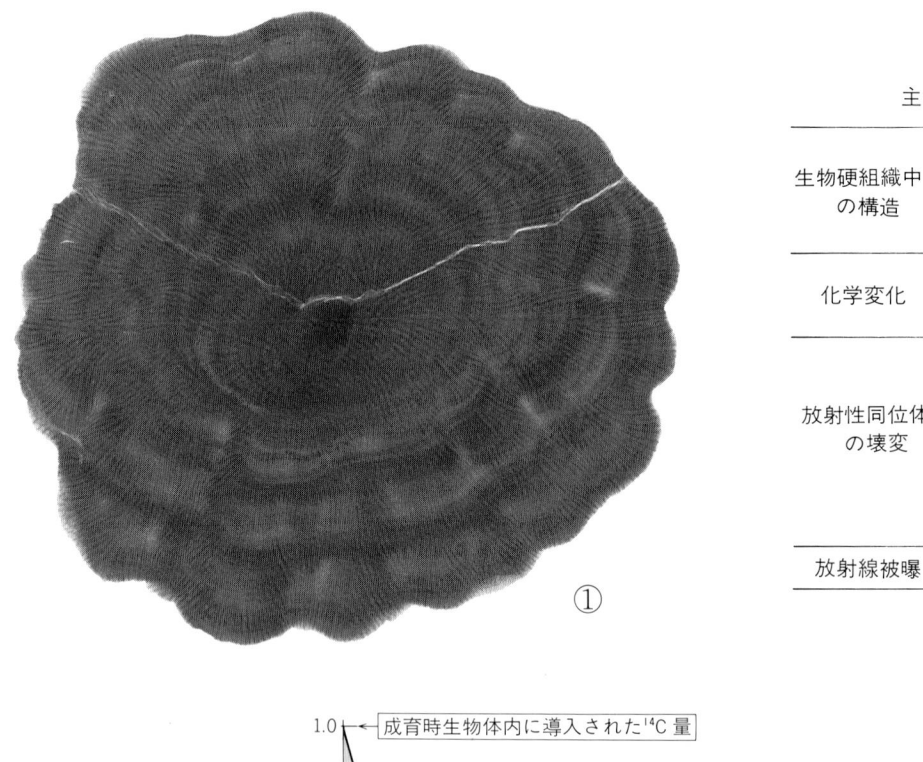

①

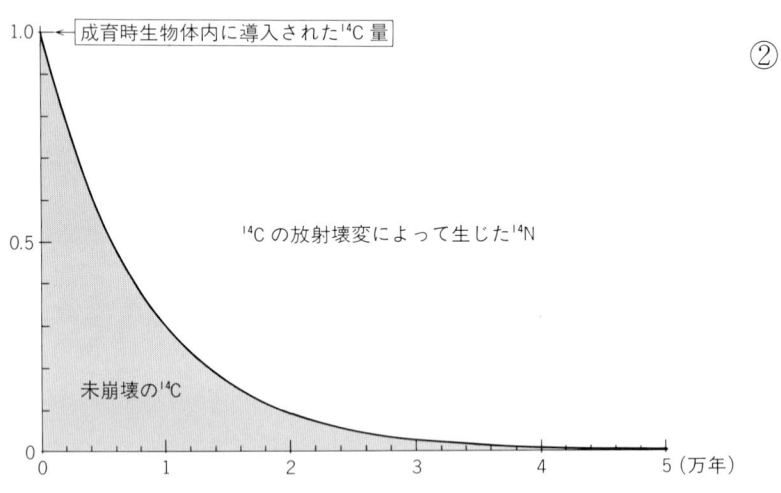

②

今から何年前？

　材化石に残されている年輪は，化石の生存年数（年齢）を示すものとしてよく知られている．気温や雨量などの季節変化によって成長速度が変化し，年輪が毎年一本ずつつくられる．年輪を数えることで，樹木の生存年数は容易に推定でき，7000年以上もの長期間生存したものまで知られている．サンゴ礁をつくる石サンゴ類の骨格にも，X線写真を撮るとはっきり見える縞模様がある（①）．それらは，1950年代の核実験によって大気や海中にまき散らされ，当時の骨格中に取り込まれた放射性同位体（主として ^{90}Sr）が年代の指示者になって，縞模様が年輪であることがわかった．したがって，100年前の大気や海水の様子は，現在生息している樹木や石サンゴを切断し，外側から100本目の年輪が数えられる部分を取り出し，いろいろな手法を用いて調べることができる．このようにして化石の年齢や，過去の気候変化や人間活動の自然環境への影響が解析される．しかし地層中に埋もれている化石では，それが何年前に死亡したかを別の方法で知る必要がある．

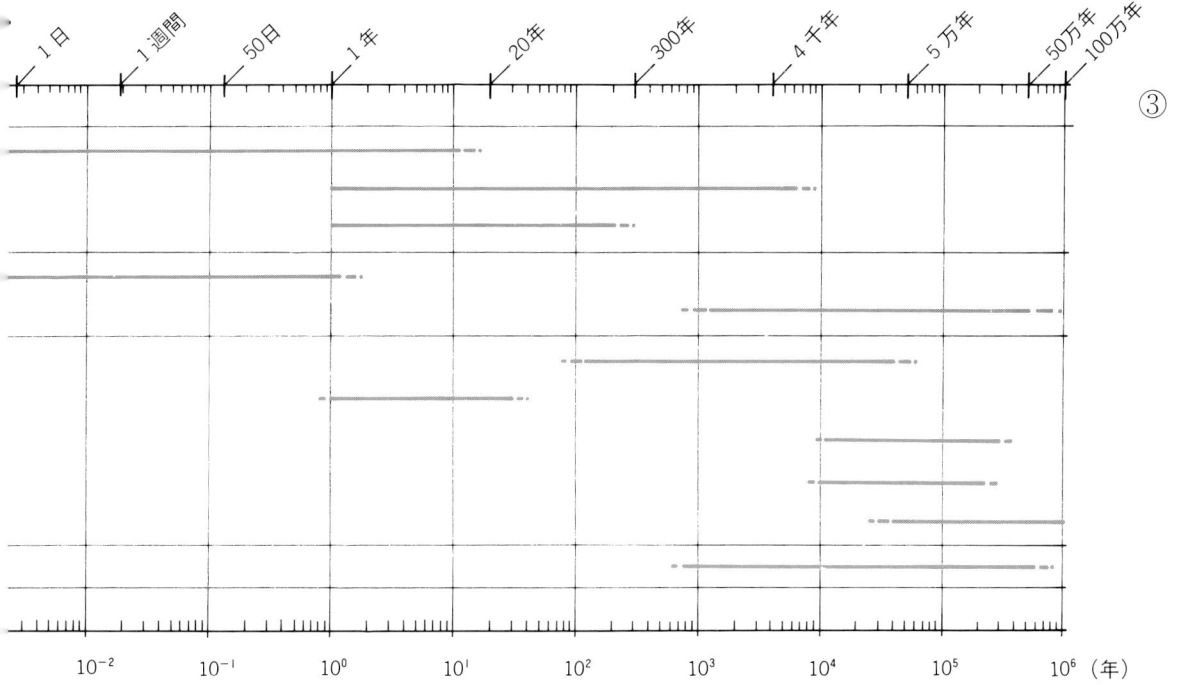

① 石サンゴの一種ハマサンゴの X 線写真
② 炭素-14 (^{14}C) の崩壊曲線
　崩壊によってもともとあった量の半分になるのに要する時間（半減期）は，^{14}C では 5730 年である
③ 化石生物を利用する代表的な年代測定法およびその有効範囲

　生物が死亡すると，やがて腐敗する．死体の腐敗状態からどのくらい前に死亡したかを推定できる．しかし，ほ乳類などは1年もすればほとんど骨だけになってしまうため，この方法で数年以上の時間を推定することはできない．しかし，生物体のタンパク質を構成するアミノ酸の構造が，ときとともに変化することを利用した有効な方法（ラセミ化法）があり，この方法では数千年から数十万年前に死亡した化石にまで適用できる．ただ，化学変化が進む速度は一般に環境の違いで異なるため，異なる場所からのすべての試料を同じように扱うことはできないという欠点がある．

　生物は，生存中に外界から生活に必要なものを摂取する際に，天然に存在する放射性同位体も同時に取り込む．放射性同位体には，固有の速度で放射線を出しながら安定な他の同位体に変化（壊変）していく性質がある．死後，生物硬組織中には新たに放射性同位体が入らなくなるため，組織中の放射性同位体は壊変していく一方である．生存中に取り込まれたある放射性同位体の量と，現在まで化石中で壊変しないで残っている量がわかれば，両者の値からその生物の死亡年代を決めることができる．これが，放射年代測定法（あるいは，同位体年代測定法）の原理である．②は，化石生物の死亡年代を決定するためによく利用されている，炭素の同位体（^{14}C）の ^{14}N への壊変の様子を示したものである．

　化石は地層中で長期間常に微弱な自然放射線を浴びつづけてきた．その影響として，化石をつくっている原子からときには電子がたたき出され，電子の抜け穴ができたりする．そのような抜け穴の数を電子スピン共鳴法で測定し，これまで浴びた放射線の総被曝量を求め，それを1年間に受ける放射線量で割ることで，化石の死亡年代を推定する方法（ESR 法）もある．

　以上のように，化石生物が何年間生きていたか，そして何年前に死亡したかを知る方法はいくつもあり，それぞれの方法には適用できる有効範囲がある（③）．

〔大村　明雄〕

化石と古生物

　過去の生物の遺骸，および生物が過去に生息し活動していたことを示す証拠となるものすべてを，化石という．骨や歯，貝殻，木の葉など，生物体そのもの，あるいはその一部（これらを体化石という）だけでなく，足跡やはい回った跡，噛み跡，あるいはふんなども，みな化石（このような生活の跡を生痕化石という）である．また生物の遺骸が分解して生成された有機物も，分子化石と呼んで化石に含めることがある．

　これに対して，そのような化石によって過去に生息していたことが証拠立てられている生物そのものを，古生物という．また，化石が残っていない，したがってそれが存在したことを証明できないが，生息していたと推定される過去の生物も，すべて古生物である．

　普通は，古生物の体がそっくりそのまま化石になっているということはなく，筋肉や内臓などは腐敗して分解し，化石になりやすい骨格や殻，植物の場合には材や葉，花粉だけが残って化石として発見される．そこで，このような化石から元の古生物がどんな形をしていたか，をまず復元しなくてはならない．

① 　水そう内で遊泳中のオウムガイ *Nautilus pompilius*
② 　北海道留萌郡小平町達布産 *Gaudryceras denseplicatum*（上部白亜紀チューロニアン，直径約 10 cm）
③ 　現生オウムガイの横断面（Griffin, 1906 の図を一部改作して引用）
④ 　アンモナイトの仮想的な横断面（Hilimer と Lehmann, 1974 の Lehmann による図を引用）
　　 現存するオウムガイの行動や体構造などから，類似の形態をもつ絶滅したアンモナイトのそれらを推定することができる（①，② は棚部一成氏提供）

アメリカ・テキサス州のジュラ紀の干潟堆積物中に発見された2種類の恐竜の足跡（上のスケッチ）

三日月型の前足とやや丸い後ろ足の足跡は、草食恐竜のブロントサウルス（上の図では左の恐竜、左の写真の足跡、スケールは1m）、3本指の足跡は肉食恐竜のアロサウルス（上の図では右の恐竜、写真にはアロサウルスの足跡は写っていない）である．

恐竜の大きさの一つの尺度となる腰高は、経験的に後ろ足の大きさの4倍と見積もられ、この場合ブロントサウルスで約3.5m、アロサウルスで約2.0mとなる．また足跡から歩行速度を求める方法もあって、ある方法で計算すると前者は時速約4.5〜6.4km、後者は約6〜7kmと見積もられる．

小型で速い肉食性のアロサウルスが大型で遅いブロントサウルスを追いかけて、襲ったという考えが提案されている（写真提供と解説：松川正樹氏、足跡図はJ.O. Farlow博士の好意による）．

　体化石は、古生物の形を知るうえで重要であるが、それだけでなく、たとえば筋肉のついていた跡から筋肉の形や大きさがわかり、どのように運動したかがわかる．また、貝殻の形や表面に残された構造から、どんな場所に生息していたか、泥に潜っていたか海底をはい回っていたか、その他古生物の形と生活様式についていろいろなことがわかる．生痕化石のはい回った跡からは、どのようにはっていたか、足跡からは、足の形や歩幅、体の大きさだけでなくゆっくり歩いていたか走っていたか、などを知ることができる．猟師が雪の上に残された足跡を見て、けものの種類や行動を知るのと同じである．また噛み跡からは、それをつけた動物の食物の種類や食べ方などがわかる．このように、生痕化石からは、それを残した動物の生活や行動を直接知ることができるので、古生物の研究にはきわめて重要である．古生物学は、このような化石の記録を調べて古生物とその生活を復元し、そこから出発して古生物の生物学を研究する学問である．

（鎮西　清高）

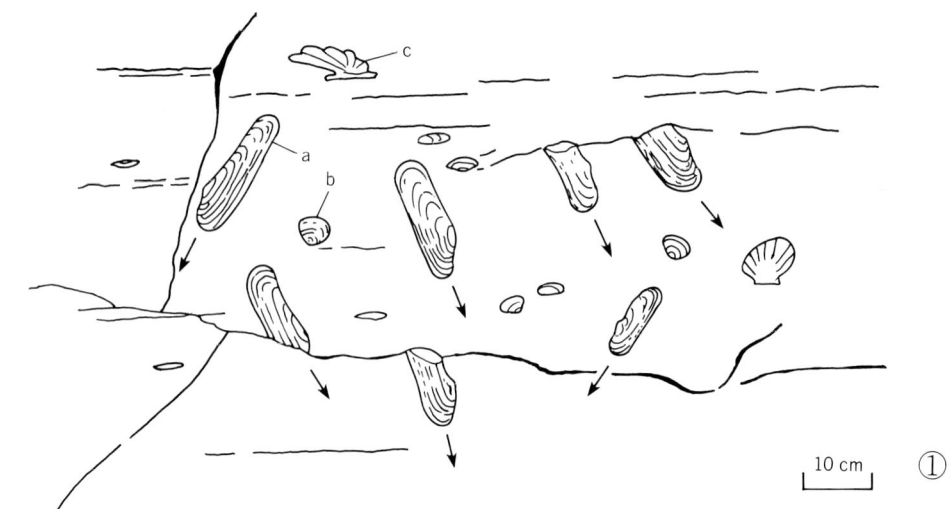

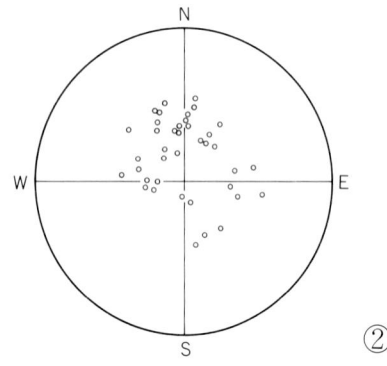

① 岩手県北部，中部中新統門ノ沢層上部に見られる自生貝化石群のスケッチ
　a：*Cultellus izumoensis*
　b：*Macoma optima*
　c：*Patinopecten kimurai*
② *Cultellus izumoensis* の殻の前方の向き（上図の矢印）をシュミット網（下半球）に投影したもの
　　北ないし北西に集中する傾向がある．
③ 他生の産状を示す貝化石層（房総半島，上部更新統下総層群）
④ 自生的な産状の貝化石層（福島県，中部中新統東棚倉層群）

化石の産状

　化石は，ほとんどの場合，地層の中から発見される．化石が地層の中にどのように含まれているか（これを化石の産状という）を調べると，古生物がどのようにして化石になったか，という化石化の過程がわかるだけでなく，古生物の生活の様子や生活環境がわかるので，化石の研究にとって，産状の研究は大変重要である．

　海底や湖底で生活していた古生物は，生活場所で，しだいに堆積する砂や泥に埋もれ，そのまま化石になっていることが珍しくない．このような産状を自生の産状という．①のように，細長い形の二枚貝がいずれも地層面に対して 60°前後の傾きで立って，しかも貝の前部を下方に向けて発見される場合，偶然にみながそろってそのような向きに埋もれるとは考えにくいので，まず確実に生活時の姿勢のままで埋もれたものと考えられる．

　この産状からは，生息時の貝の姿勢だけでなく，この貝が砂質の泥の海底を好んでいたこと，この地層の分布や他の特徴からそこが浅い内湾であったこと，また，同種の他の個体とほぼ一定の間隔を保ちつつ密集して生活していたこと，他に，ホタテガイ類ほかの貝類もそこにいたこと，そのほかさまざまなことがわかる．

　一方，③のように，貝化石が地層面に沿って横たわっていたり，破片になって密集しているときは，元の生活場所から洗い出され（そのために死んだのかもしれない），あるいは波や潮流で別の場所に運ばれて化石になったと考えられる．このような産状を他生の産状という．他生の場合でも，破損の状態や

化石の姿勢，他の生息場所にすんでいたと思われる生物の化石との混合の様子から，どのようにして化石になったか，たとえば，どのくらいの距離をどのようにして運ばれたか，その場所で何が起こったか，がわかる．

　二枚貝の化石は，多くの場合④のように，2枚の殻がそろったまま集まって見つかる．このような化石の層ができるには，地層の堆積がごくゆっくりと起こったために，違う世代の個体が同じ海底面に次々とすみついたという場合が多い．またいったん堆積物に埋もれた個体が，嵐などのときに強い波で再び掘り出され集められたという例も多い．

　陸上で生活していた恐竜やゾウなどは，死ぬと間もなく腐敗し，骨格がばらばらになって，洪水などで運ばれ，川や湖，あるいは浅海の地層の中に埋もれる．しかし，ときには全身の骨格がこのような地層から見つかることがある．これは，死んで間もなく流されたか，湖などの岸辺で活動していて死んだか，いずれかである．このような骨格の産状を調べることによって，恐竜などがどのような場所で，どのようにして生活していたか，という手がかりを得ることができる．

（鎮西　清高）

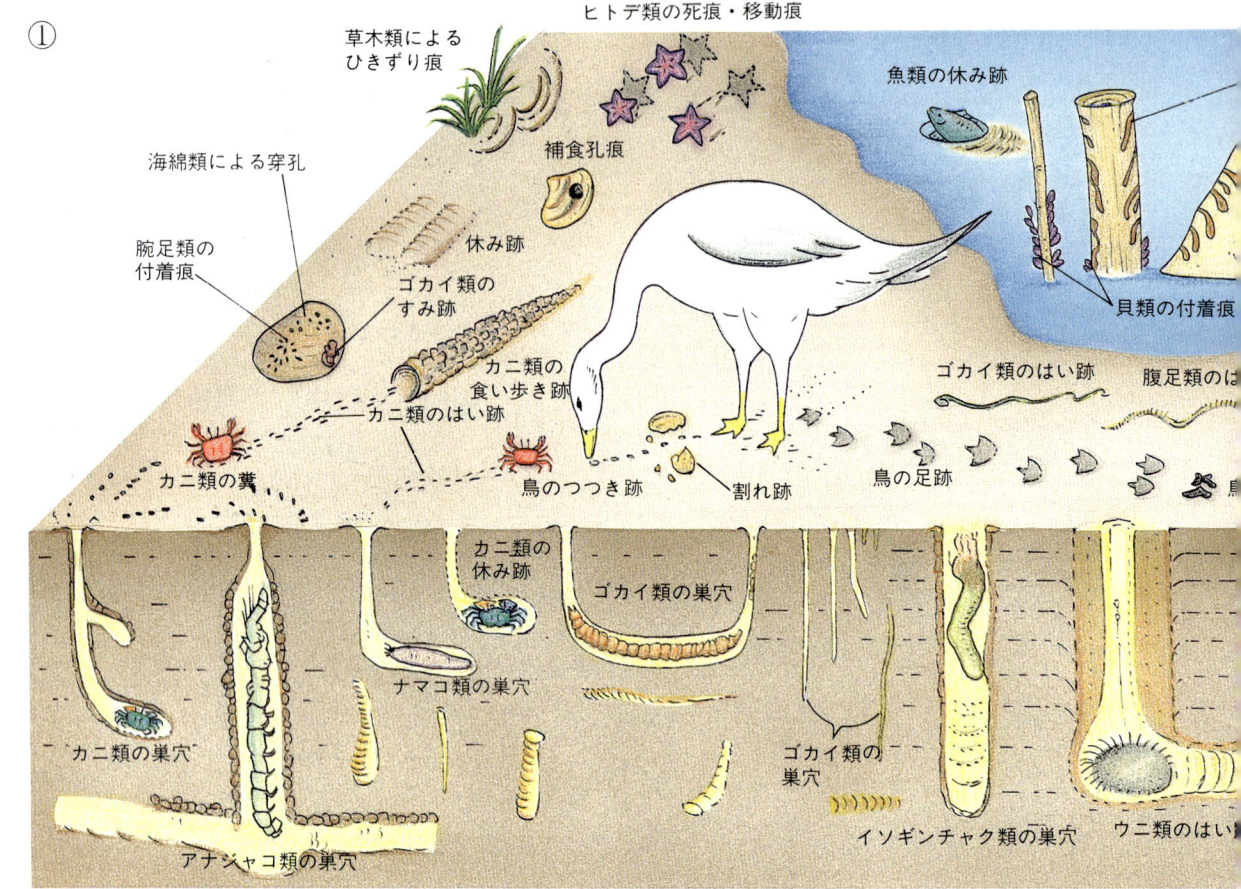

生痕化石

　生痕化石 (trace fossil) とは，前の章で示したように，地質時代に生息していた生物（古生物）が，地層中に記録した生活活動の痕跡である．たとえば，地層中に見られるすみ跡とか，食物を求めて行動したときのはい跡，食い跡などの生活習性・行動様式などがそれである．生痕化石は，普通生痕を残した生物体（体化石）を伴わないが，これも化石として体化石とともに研究の対象となっている．

　生痕化石は，体化石のように地層中に保存不可能な脆弱な古生物の記録とともに，それらの生活様式の直接的情報を提供する．この研究はまず生痕化石の特徴，それをつくった生物の種類，および生痕がどのような生活活動の記録であるかといった三者の関係を明らかにする作業が必要となる．

　注意すべきことは，体型や生活様式の類似する分類群の異なった生物体がよく似た生痕をつくることや，同一生物体でも異なった行動様式によって異なった生痕を残すことである．また，特定の絶滅した生物群による生痕化石を除くと，生痕化石が特定の地質時代を指示することは少ない．一般に，体化石として保存されず，生痕化石としてだけ発見される生物には，温度，溶存酸素，餌などの生活条件が悪くても十分生息・繁殖可能な種類が多いために，体化石がまったく産出しない地層に，生痕化石のみが多産するという現象がしばしば見られる．このように化石化の条件としての硬質部を，体の一部に保持しない分類群にあっては，それらが残した生痕化石は古生物学的に重要な意義をもっている．

（野田　浩司）

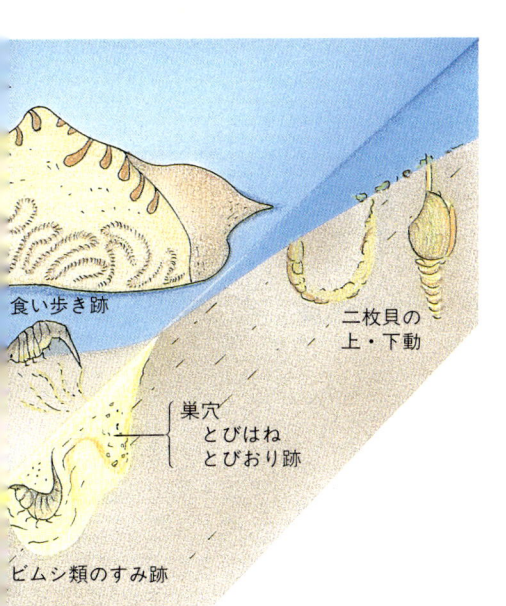

① 潮間帯で見られる主な生痕の種類
② 鳥の足跡化石：中新世初期，スイス・ランググロッヘ産（×0.29）
③ コメツキガニ類の巣穴化石およびその中を埋める糞化石：鮮新世，北海道天塩，勇知層産（×1.36）
④ アナジャコ類の巣穴化石（*Thalassinoides* sp.）：中新世中期，静岡県新在家，新在家層産（×0.29）
⑤ *Zoophycos* sp.：中新世後期，静岡県御前崎，相良層産（×0.46）
⑥ 多毛類（？）の食い歩き跡（*Helminthoida* sp.）：始新世，沖縄県天仁屋，嘉陽層産（×0.57）
⑦ 腸鰓類のギボシ（現在の3000 m以深の海底に知られる）の仲間（？）の食い歩き跡（*Spirorhaphe* sp.）：産地，時代とも同上（×0.69）

①

②

謎の生痕化石

　地層の断面をながめていると，どのようにしてできたのかと思うような奇妙な模様を見かけることがしばしばある．砂や泥が堆積する過程で波や海流などの水の動きがつくったのか，あるいは生物活動の記録か，太古の地質時代を振り返ってロマンにふけることがある．そういったものの成因に関して，われわれの想像はなかなか根拠のある結論に達しない．

　写真にみられるコントラストのある多数の縞模様は，いったいなんなんだろうか．縞模様は白っぽく見える石灰質砂（主に生物の破片からなる）と，黒っぽく見える鉱物質砂（生物遺骸の少ない）の規則的な細かな繰返しからできて，一つの断面でみるとお椀のような形をしている．単なる水の動きがそれをつくったのではなく，まさに生痕のように思えた．お椀のように見える面と直角な断面やいろいろな方向の断面をつくってみると，この模様が規則的な運動によってつくられた生物活動の痕跡（生痕）であることが理解できた．どんな生物がそれをつくったのだろうか．生痕そのものの中にその"制作者"は見あたらなかった．周りの堆積物の中にウニ類の破片を多く含むことや，しばしば生痕とほぼ同じ大き

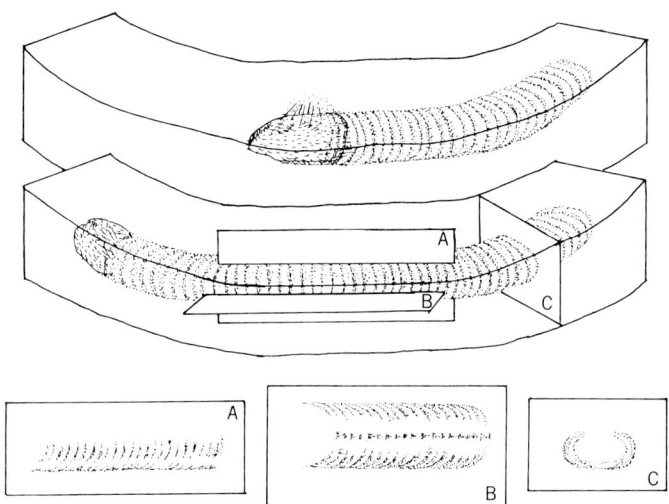

ブンブクウニ類の生痕化石
①, ②, ③ はそれぞれ右下の図のAおよびC断面, C断面, およびB断面がみられる（鮮新世-更新世浜田層, 青森県むつ市前川）

さのブンブクウニの化石が見つかることに, 一つの重要なヒントがあるように思えた. このウニは, われわれが知っている海岸の岩や砂の上に生活しているウニ類とは異なって, 砂に潜って生活する仲間である. そのため形態も普通のウニとは異なり, 体は平面的にも垂直的にも楕円形をし, 体表面のとげや管足は堆積物中を潜行するための特別な機能を備えている. 生痕化石として残されている模様は, ブンブクウニ類が腹側（下）のとげ, 堆積物を掘る前部のとげ, 堆積物を後方へ送る側部のとげなどを使って移動したときに, 後方へ送られた堆積物粒子が再配列したためにつくられた, と理解される.

しかしながら, そのような化石の記録はきわめて少ない. また, 現生のブンブクウニ類が堆積物中に残した歩行痕の研究もない. だからすべては, 直接観察できない海底堆積物の中の様子を, このような地層に残された生痕を詳しく観察することから始めなければならない. それには, 水槽に入れたブンブクウニ類が堆積物中を潜行するときにつくる歩行痕と, この地層にみられた生痕との比較研究が必要になるだろうし, また生物体の形態・機能, それによって形成される生痕の関係を明らかにすることも重要となるだろう. 化石生物の理解を深めるには, まだまだ調べなければならないことがたくさんある.

（山口　寿之・金沢　謙一）

生物じょう乱を受けた泥岩

弱い平行葉理

10 cm

植物片・イノセラムスの殻

①

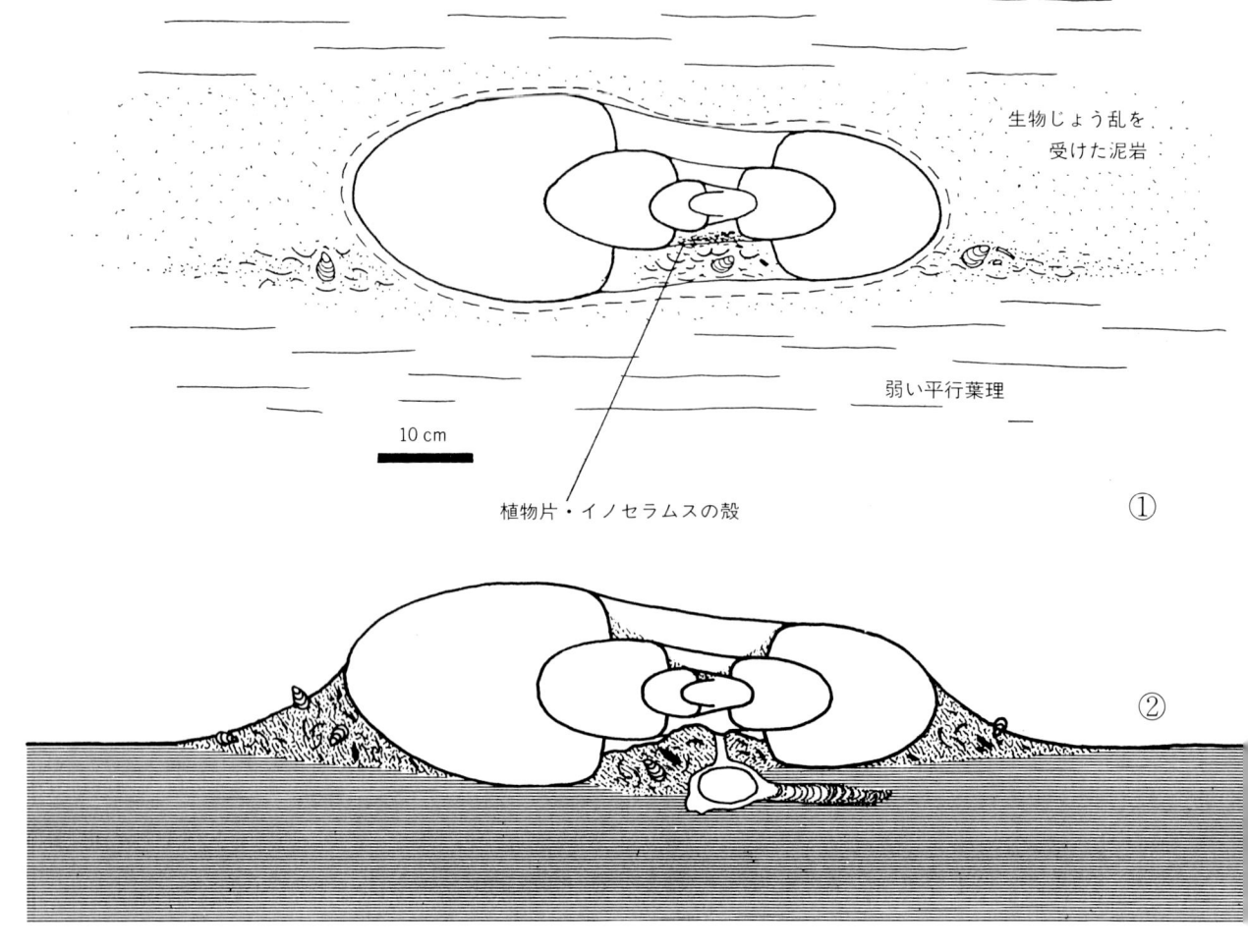

②

① 大型アンモナイト *Mesopuzosia planulatiformis* (Jimbo) の産状
〔約9000万年前，北海道留萌郡産（東京大学資料館標本）〕
② へそにウニを伴う大型アンモナイトの産状の形成

タフォノミー——産状が語る化石のたどった道

「大昔の生物がなぜ死に，どのようにしてその死骸が運ばれ，堆積物に埋もれて化石となったのだろうか？」．この疑問を解明する古生物学の分野をタフォノミー（taphonomy）という．この疑問は，研究室で化石だけを見ていては解くことはできない．それは，まず地層中に含まれている化石の姿勢・その壊れ方・化石の集合状況（といった化石の産状）や，周囲の堆積物の性質などについての注意深い観察に始まる．

たとえば，北海道や樺太（サハリン）に分布する白亜紀の地層には，直径30 cmをこえる大きなアンモナイトの化石が多く含まれている．それらの殻の周囲には，イノセラムスという二枚貝の殻片や植物片などが集まっていることが多い（①）．さらにそれらのヘソの下の空洞には，ウニの仲間のブンブク類が，あたかも潜り込んだような産状で見つかることが多い（③）．周囲にいっしょに含まれている植物化石などは，細かい破片となっているが，壊れやすいウニの殻は，不思議なことにほとんど壊されずに

③ へそにウニを伴う大型アンモナイト *Canadoceras multicostatum* Matsumoto〔直径約34 cm, 約8000万年前, サハリン産（東京大学資料館標本）〕

④ アンモナイトと共存するブンブク類のウニ〔直径約4.5 cm, 約8500万年前, 北海道勇払郡産（守屋成博氏採集）〕

よく保存されている（④）. このような奇妙な産状は, いったいどのようにして形成されたのだろうか？
……… 今から約8000万年前, 海底に横たわったアンモナイトの死殻は, 海底の障害物となり, 流れによって運ばれる途中のイノセラムスや植物の破片が, アンモナイトのヘソの下や殻の周囲に掃き寄せられる. こうしてできた"海底の吹きだまり"には, 有機物が豊富に含まれているため, ブンブク類のウニがそれを食べにくる（②）. やがてウニは生きていた場所で死に, 壊されずに埋まる. そして全体が厚い泥に埋もれたあとに, 物理・化学的変化（続成作用）を受けて化石となった……, というように考えるのが最も理解しやすい.

化石は, 生物が生きていたときのいろいろな要因と, 死後受けたいろいろな現象が複雑に絡み合った結果でき上がった産物である. タフォノミーは, この複雑にもつれた糸を解きほぐして, はるか昔の生物達の社会を生き生きとよみがえらせ, 彼らの生活と環境のつながり, およびその今日に至るまでの変遷を理解することを狙っているのである.

（前田　晴良）

研究者をだます化石化作用

　軟体動物の殻はほとんどが炭酸石灰（方解石またはアラレ石）からできていて，化石によく保存される．しかし，ときにはこれが他の化学組成や他の結晶構造をもつ物質に二次的に変化したり，その一部分だけが差別的に失われるので，研究者がだまされそうになることがある．

　①，②の貝化石は，千葉大学のアンデス古生物調査団によりチリ北部のジュラ紀層から採集された．その表面彫刻はどう見ても三角貝（*Linotrigonia*類）に特有のものである．ところが不思議なことに，その内面を見ても，三角貝特有のギザギザの付いた歯や特徴ある強い筋肉痕はまったく観察されない．殻が三角貝にしては異常に薄いので，ひょっとしたら，三角貝に一見似ているがまったく別のグループに属する未知の二枚貝ではないかとさえ思っていた．その後，アンデスのジュラ紀層を調査する機会があって，自分が見事にだまされていたことに気が付いた．つまり，この化石は正真正銘の三角貝であるが，その殻の内層をつくっていた真珠層が差別的に溶解し，外層の部分だけが化石になっていたのである．最近になって，この三角貝はチリの研究者により *Linotrigonia chongi* として命名・記載された．新属など設けていたら大恥をかくところだった．

　このような眼で見直すと，アンデスの中生層では，他の二枚貝でも（*Pecten* や *Lima* の仲間など）アラレ石でできていたと思われる内層が跡形もなく消失し，方解石の外層だけが完全な形で残されていることが多い．道理で内層に印象される蝶つがいの構造や筋肉痕は観察されないわけだ．同様の差別的な殻の溶解はヨーロッパのチョーク層に広く見られ，日本でも小笠原諸島母島の始新世の石灰岩に例がある．

　化石の差別的な珪化作用もメカニズムがよくわかっていない現象である．乾燥地帯の石灰岩では，しばしば同じ炭酸石灰からなる化石だけが完全にシリカに置換されていて，塩酸や酢酸の脱灰によって見事な標本を取り出せることがある．アメリカでは大量に石灰岩を溶かして珪化した腕足類などの化石を取り出すことが，研究の常套手段となっている．アンデスの三畳紀・ジュラ紀石灰岩でもこのやり方が成功した．しかし，珪化が完全ではないので，取り出した標本はきわめて壊れやすく，表面だけが珪化した化石を酸処理すると，殻の内部が空洞になって，その中にシリカの小結晶ができかかっているのが観察される．ある研究者は，この地域の巻貝のある種に3層の構造があると記載したが，これは化石表面の珪化によるサンドウィッチ状の断面を本来の構造と誤認したものであろう．

　Propeamussium（ワタゾコツキヒ属）は，半深海に多産する半透明の殻と発達した内肋をもつ二枚貝で，化石にも多い．この仲間は左右の殻の構造が大きく異なっていて，その外層は左殻では葉状の方解石からなるが，右殻では柱状の方解石からなる．また，右殻の周縁部は弾力性に富み，生体では殻を閉じたときにこの部分の膨らみが反転するようにできている．これまで分類研究者は，内肋の先端が殻の周縁に達している化石を *Parvamussium* と呼び，属（または亜属）レベルで区別してきた．しかし，この特徴は，石灰化の弱い周縁部が化石化の過程で失われ，研究者をあざむいていた可能性が強い．このように化石化作用は，ときに研究者を惑わせることがあるが，その過程と原因の解明は避けて通ることのできない基礎的な課題と考えられる．

　　　　　　　　　　　　　　　　　　　　　　　　　　　　　　（速水　格）

①, ② *Linotrigonia chongi*
　①は外層だけが保存された標本．②は内型のように見えるが，その表面は外層と内層の境界面で，歯や筋肉痕は印象されない（×1.5，チリのドメイコ山地産）．

③, ④ *Propeamussium watsoni*
　③は左殻，④は右殻．右殻の周縁部は逆にそり返っている．この部分はきわめて薄く，非常に弱いので，化石には保存されにくいであろう（×1.5，日向海盆の1650 mの深海産）．

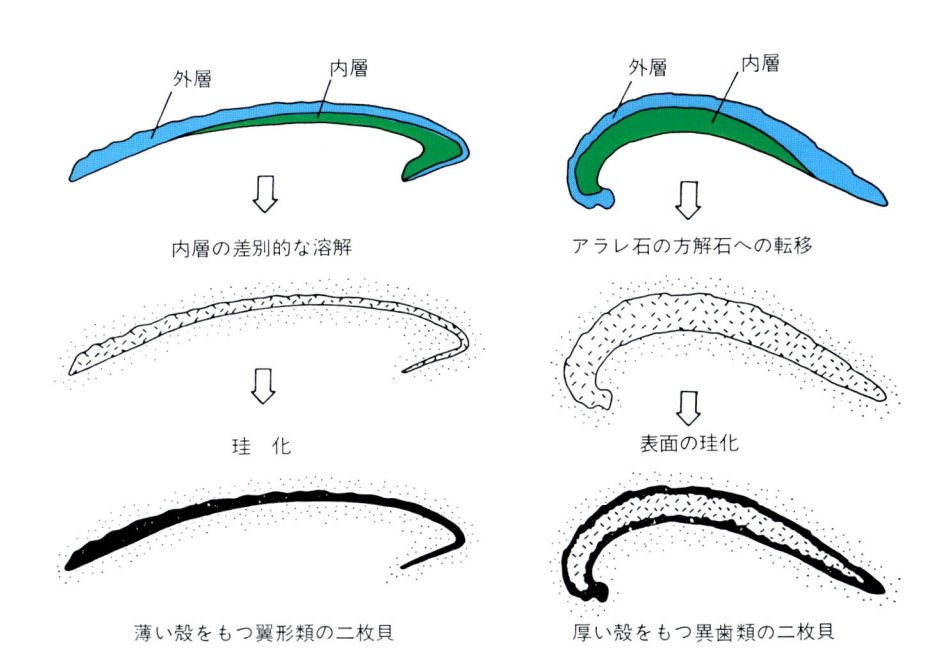

チリ北部ドメイコ山地の上部三畳系の貝化石に見られる化石化作用（差別的保存と珪化の過程を示す概念図）

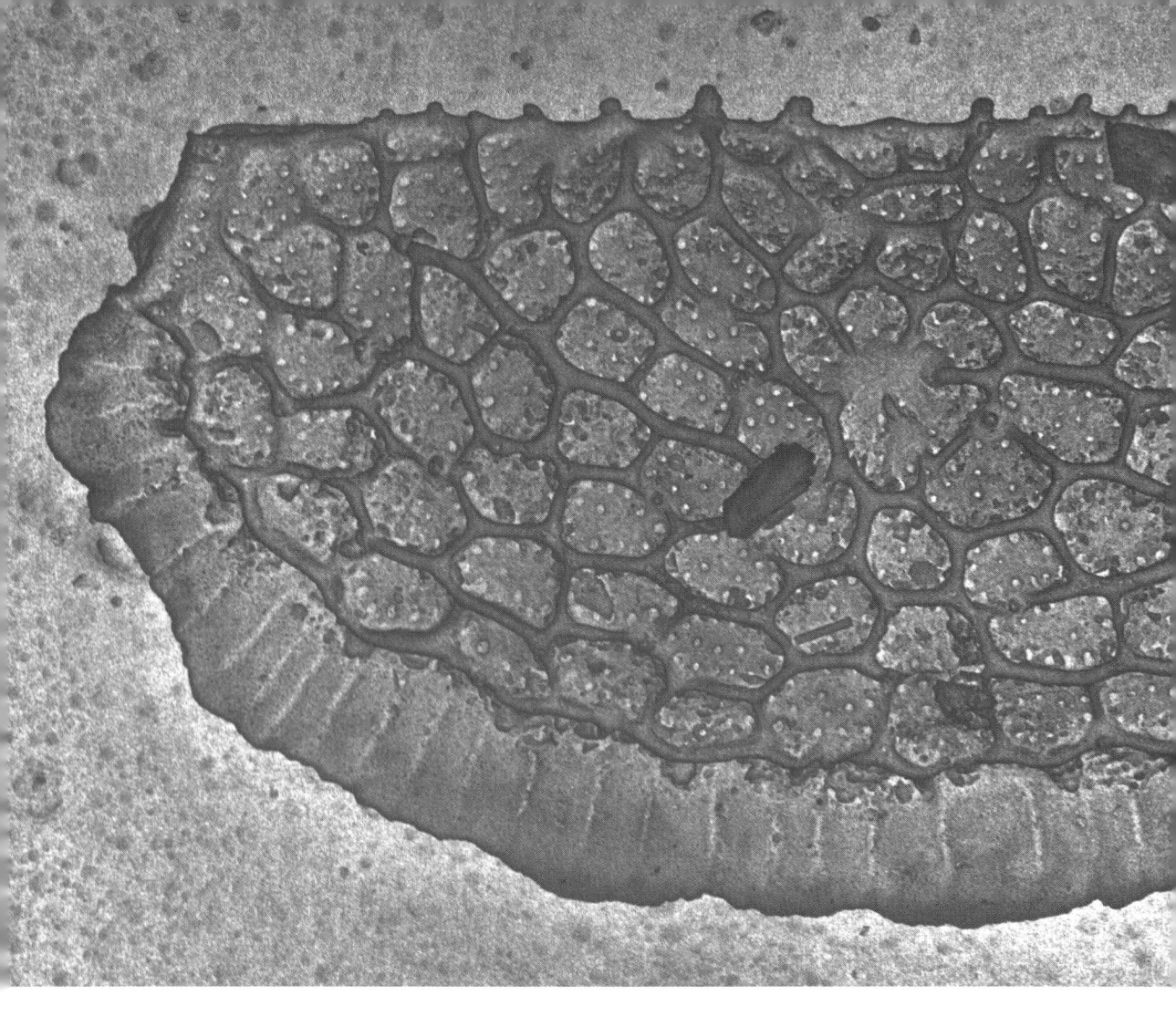

生きている化石—幻の *Manawa*

　1949年ニュージーランド沖の水深180mの海底から，4匹の奇妙なカイミジンコ（二枚貝様の殻をもった節足動物甲殻類）の殻が発見された．ニュージーランド地質調査所の Hornibrook 博士がこれを調べたところ，古生代に栄えたカイミジンコの Palaeocopida 目によく似ていた．このグループは古生代の終わりには衰退し，わずかに中生代まで生き残った仲間も中生代のごく初期に絶滅したと思われていた．それでこの発見は，この仲間がまだ生存しているかもしれないということを示唆し，世界中のカイミジンコの研究者を驚かせた．その後にこの仲間の化石が，ニュージーランドの第三紀中新世の地層からも発見された．ところが1973年になってこれと同じ仲間の化石が，沖縄の鮮新世の新里層から東北大学の石崎博士によって *Manawa* sp. として報告された．

　この仲間は当時は，きわめて珍しく世界中の博物館でもこれをもってはいなかった．それが，沖縄では鮮新世の地層中に，かなりたくさん含まれていることが，野原の努力でわかった．そうなると，ひょっとしたらこの仲間は沖縄近海に今でも生きているかもしれない．この生物がどのように生きているのかは，生きているシーラカンスの発見と同じように，世界中の学者が注目するところとなった．そこで花井と野原とが共同して，海底に生きている *Manawa* を探すことになった．しかし，場所は沖縄の近海だとしても，広大な海のどのくらいの深さで，どんな底質のところを探せばよいのかわからなかっ

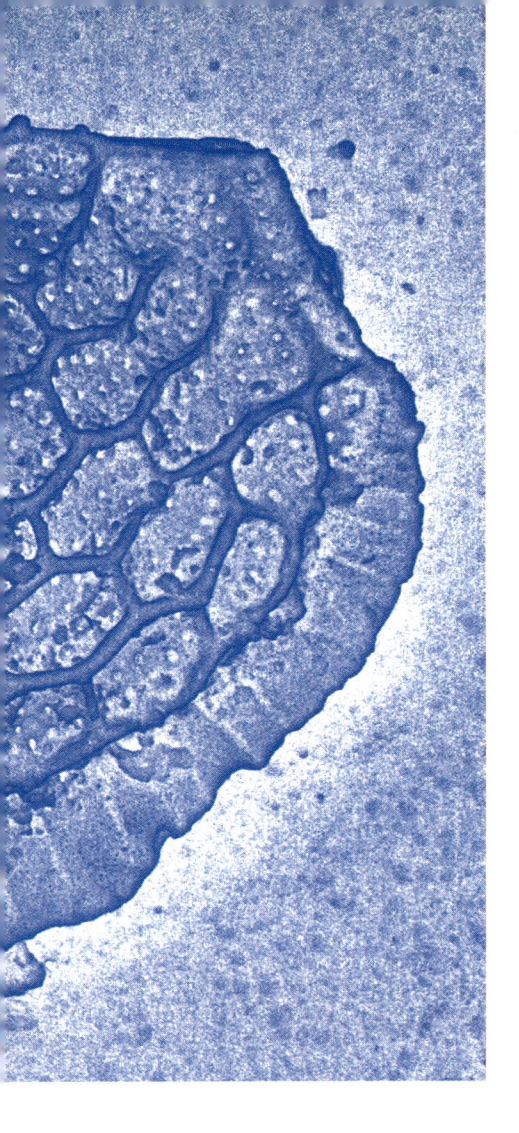

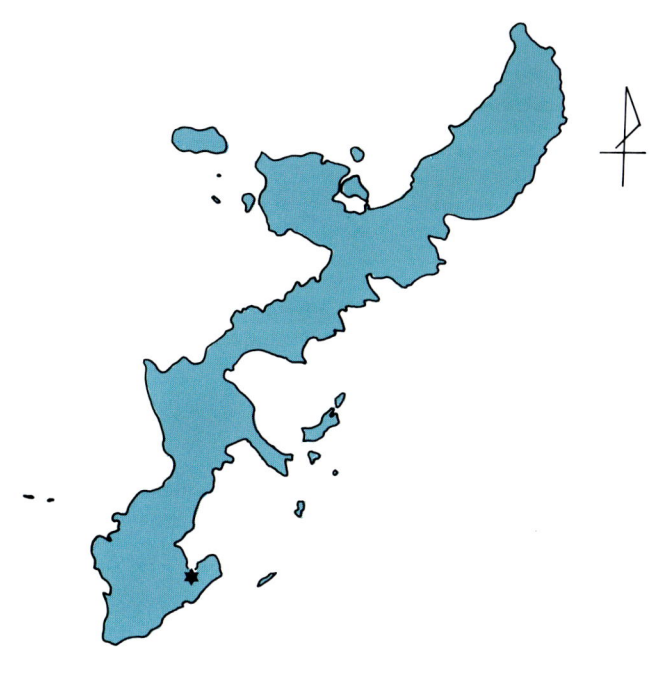

写真：*Manawa konishii* Nohara, ×480
図：沖縄および新里層の化石 *Manawa* が最初に発見された場所（星印）

た．そこでまず，*Manawa* の生息環境を地層中からいっしょに産出する二枚貝や巻貝の資料をもとに推定した．

　1977年生きている化石 *Manawa* を探す最初の航海を試みた．沖縄近海のいろいろな場所で海底堆積物の採集を行ったが，台風のために計画中途で調査を打ち切った．1mm程度の大きさの *Manawa* を探すには，採集した堆積物を顕微鏡で見る必要がある．大学にもち帰った海底の堆積物から，当時東京大学の研究生であった北里博士（現静岡大学）が，*Manawa* の新鮮な殻を発見した．「それっ」と色めきたったが，殻は多数見つかっても，軟体部をもった標本はついに見つからなかった．

　1978年二回目の調査が，殻の発見された地点を中心に計画された．しかし，この調査では海が荒れて採集器を海底に下ろすこともできなかった．天候のよい時をねらった三回目の調査では多くの *Manawa* を採集することができたが，残念ながら生々しくても殻ばかりであった．そこで今度は採集器がいけないのかと考え，新しい採集器をつくった．今度こそはと意気込んでいたら，ニュージーランドで *Manawa* が採れたらしいという情報が入った．先をこされて残念だと思っているうちに，研究報告が届いた．しかし，*Manawa* にはまだまだ調べなくてはならないことが多く残されている．失敗を繰り返すごとにわれわれも *Manawa* に近づいている．気を取り直し，沖縄沖に幻の生きている *Manawa* を求めて，採集の相談を再開した．

（花井　哲郎・野原　朝秀）

①

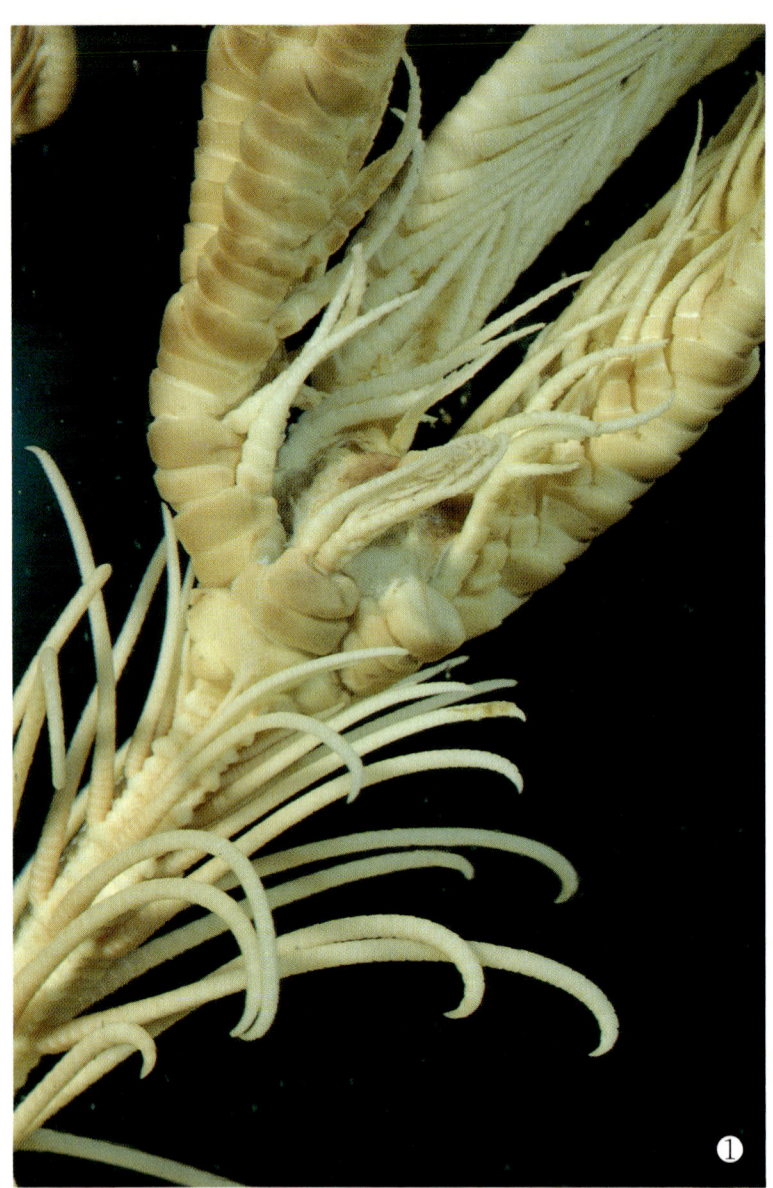

生きている化石—ウミユリ（海百合）

　ウミユリと呼ばれるきょく皮動物の一分類群は，カンブリア紀以降，現在に至るまでえんえんと生き続けているが，分類学的には古生代のグループと，中生代〜新生代のグループとに大きく二分される．中生代以降のグループの中には，現在に至るまで，形態的変化がほとんど見られないものがある．たとえば，ゴカクウミユリ科 (Isocrinidae) のウミユリは，三畳紀に出現して以来，2億年以上にわたって，ほぼ同じ形態を保っていて，この現生種はまさに立派な「生きている化石」の代表といえる．

　ゴカクウミユリ科は形のうえでは大きな変化は見られないが，中生代末期に大きな生態的な変化が見られる．この科の化石は，ジュラ紀や白亜紀前期には確実に浅海に堆積した地層からも産出し，当時の浅い海底に林をつくるように多数生息していた．ところが，白亜紀後期以降は，浅海からその姿を消して，かなり沖合いの深い海底に堆積したと考えられる地層にのみ産出するようになる．

① 駿河湾大瀬崎沖から採集されたトリノアシ(*Metacrinus rotundus* Carpenter)の再生腕(中央,水深140 m)
② 同地点より採集された多数の標本(写真提供:前田晴良氏)
③ 岩手県田野畑村産下部白亜系浅海性ゴカクウミユリ(*Isocrinus hanaii* Oji)

　中生代の後半は,海の生物にいろいろな大変革が起こった時期とされている.ウミユリにとっても,その敵(捕食者)とみなされる真骨魚類や十脚目の甲殻類が発展した時期にあたる.白亜紀に起こった浅海域におけるゴカクウミユリ科の衰退は,真骨魚類や十脚目が浅海に勢力を拡大してきたことと密接な関係がありそうである.

　ウミユリの腕は,捕食者によく狙われ,食われる部分であるが,もぎ取られた部分は,再生によって修復される.再生した腕は,現生の標本に見られる(①)のみならず,化石標本にも見られる.再生した腕の出現頻度を時代ごとに追跡することによって,ウミユリが捕食圧をどの程度受けていたかを知り,ウミユリの進化を考えるうえで重要な指針となる.

（大路　樹生）

化石生物を理解するための現生生物の研究

　化石と同じ種または近縁な種が，どこでどのような生活をしているかを知ることは，化石のより深い理解の手助けとなる．化石を調べるかたわら，現在生きている生物を調べるのはこの理由からである．
　海岸の磯には，フジツボ類と呼ばれる生物がすんでいる．多くの人は，これがエビやカニに近縁な付着性の節足動物甲殻類であることに気が付かない．暖流の洗う外洋の磯には，写真に見られるような暗い赤色のオオアカフジツボと鮮やかな赤色のアカフジツボが隣合って生息している．これらは色彩の違いに加えて，石灰質の殻，化石として保存されない軟体部，浮遊幼生などの形態的特徴および生体組織中のある酵素の遺伝的特徴が異なっている．しかし，これらの違いだけでは，両者が同じ種の中の遺伝的な違い（多型現象）なのか，同じ種に属する亜種の違いなのか，種の違いなのかは判定できない．
　分布は前者が八重山諸島から西九州および房総半島まで，後者が八重山諸島から津軽海峡まで，地理的に少しずれている．主な生息場所は，前者が強い波を受ける外洋の磯の潮間帯下部であるのに対し，

(和歌山県白浜　京都大学瀬戸臨海実験所裏)

　後者がブイなどの浮遊物体の水没部分であり，異なる（異所性という）．しかし，量的には多くないが，ともに相手方の卓越する場所にもみられ，そこでは写真のように隣合って生息している（同所性という）．亜種は普通地理的に分布が重ならないので，この同所性は，前に述べた三つの可能性のうち，両者が同じ種に属する亜種の違いによるものではないことを意味する．この場合オオアカフジツボが夏から秋，アカフジツボが春という生殖時期の違い（生殖的隔離）があり，両者は互いに交配することができないので，種が違うと結論できる．化石では，生殖時期の情報は得られないし，また隣合って生息している標本を発見することもきわめてまれである．しかし，この現生生物より得られた以上の情報は，化石の理解を深めることになった．

　化石記録では後者の方が古くから知られており，第三紀の中新世中期までさかのぼれる．その間に化石に見られる形態的進化は認められない．前者はずっと後の第四紀層に見出される．第四紀層にはそれらの同所性を示す化石標本が存在することから，当時すでに種の分化は完了していたと理解できる．

（山口　寿之）

2 古生物の研究

Perisphinctes ojikensis Fukada
時代：中生代ジュラ紀オクスフォード世
（約1億6千万年前）
産地：宮城県石巻市牧ノ浜（×0.59）

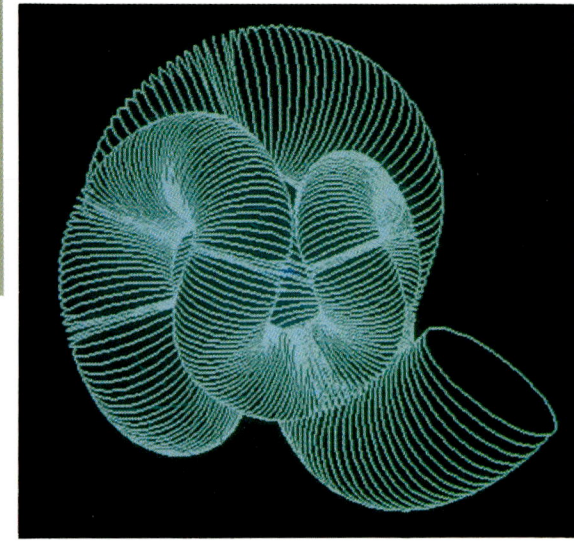

ニッポニテスのコンピュータシミュレーション
　Nipponites mirabilis は異常巻きアンモナイトの一種で，古生物学会のシンボルマークにもなっている日本を代表する化石である．U字形の蛇行を繰り返しながら巻くという独特の規則性があり，パソコンで実物そっくりの図形を描かせることができる．左側の写真は矢部長克教授が1904年に北海道の小平地域から初めて記載した完模式標本〔(資料提供：岡本　隆氏)．

古生物の研究

　地球上には30億年以上にわたって生命が存続し，さまざまの生物が出現・消滅した．そのあるものは私達人類を含む現在の生物にまで進化を遂げてきた．これら過去の生物（古生物）の生きざまは，化石自体とそれを含む地層が示すいろいろな情報，および類似の現生生物の生活についての幅広い知見をもとにして科学的に復元される．古生物の生物学的研究は，いわば化石という物体に生命を吹き込んで，過去の生命活動を生き生きと描き出す．また，その栄枯盛衰をたどってきた道筋を浮き彫りにして，生物進化のパターンや機構にも迫ろうとする．しかし，化石は過去に存在した生命現象の，ごくわずかの部分が非常な偏りをもって記録されたものである．古生物学は大変ロマンに満ちあふれた科学であるが，単なるフィクションに陥る危険もあり，そこに研究の楽しさと苦しさがある．

　地球や生命に関する科学の多くの分野は，1960年代に大きな変革期を迎えたが，古生物の研究もその例外ではない．伝統的な古生物学では，主に形態による化石の記載・分類・命名を柱とし，それに基づいて系統の推定や地質学への応用がはかられた．古生物の研究が化石の形態に大きく依存することは，現在でも変わりはない．しかし，形態に対する認識のレベルは大きく変わった．まず，電子顕微鏡の発

今にも動き出しそうなクモヒトデの化石
　やや深い海の底質を採取したり，水中カメラを使って海底を撮影すると，クモヒトデが高い密度で生息しているのが知られることがある．しかし，クモヒトデは死後に骨片がばらばらになりやすく，化石に保存されにくい．これは千葉県鎌滝町の市宿砂層（更新世）から産出した集団標本で，これほど見事な，生命の躍動を感じさせる化石はめったに見られない．種名は未定（写真提供：大原　隆氏）．

　達などにより観察される形態の範囲が大きく広がった．次に，形態のもつ適応的意味と，形態の背後にある生命現象の本質（たとえば，遺伝・生理・生態・行動・化石に残りにくい軟体部との関係）が深く考察されるようになった．一方，年代や古水温の測定法・海洋底堆積物の調査方法・微化石の検出技術の飛躍的発展は，精度の高い生層序・地球表層の歴史・古環境の変遷の解明を可能とし，私達の自然観を大きく変えさせるに至っている．コンピュータの発達・普及も情報処理・シミュレーション・ランダム効果の評価など，古生物の研究に新しいジャンルをもたらした．また，近年の生態学・プレートテクトニクス理論などの発展に伴って，古生物地理の研究も新しい局面を迎えている．
　このように関連科学の理論と技術の発展と相まって，古生物研究の対象と手段は著しく広がっている．ここでは，最近日本で進展しつつある古生物研究のいくつかを紹介したい．
　　（速水　格）

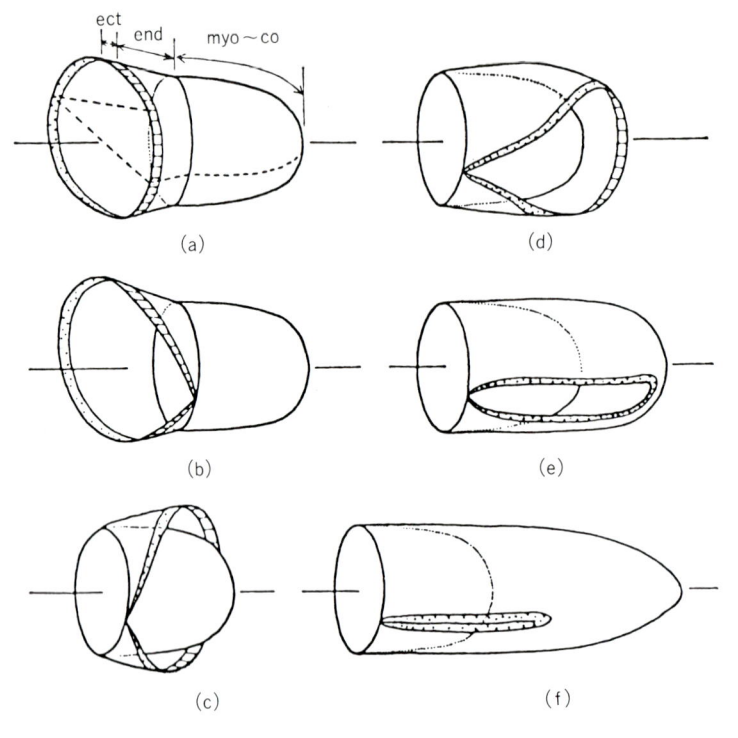

写真は薄片を直交ニコルで見たものである．方解石の結晶方向が，中央の細長く押し込まれた部分と周辺とでは不連続である．

ベレムナイトという怪物—相同の追跡

　鳥とヒトとの祖先を太古の昔にたどると，鳥類もほ乳類も祖先はは虫類に行き着く．鳥の翼もヒトの手も突き詰めればついには，は虫類の前脚にその由来をもつことになる．このように，二つの生物の特徴を共通の祖先までたどると，その由来の起源が一致してしまうものを，相同の特徴といっている．相同は，系統進化のあとをたどったり，生物を分類したりするとき，最も基本になる考えである．しかし，生物の祖先をたどることや相同を推定することは，けっして簡単なことではない．

　ここに示すのは，古生代に出現し現在まで生きのびているノーチラス（オウムガイ）の軟らかい体を囲っている外殻と，中生代の終わりに絶滅したベレムナイト（矢石）の軟らかい体の中に入っている内殻との間の，相同の関係を説明したものである．この相同関係はかなり複雑だと思われていた．

　図の (a) は，ノーチラスの軟らかい生物体の外側の表面を示している．この表面の細胞から外側に殻を分泌する．殻は外側の層と内側の層の2枚を貼り合わせたようになっている．そして外層を分泌する部分 (ect) と，内層を分泌する部分 (end) とが，殻の開口部近くにあって，貝殻を分泌し，殻を成長させて殻はしだいに深くなってゆく．殻の奥には殻を区切る仕切りとなる隔壁を分泌する部分（myo～co）がある．この部分は，一つの隔壁を分泌すると，その隔壁と軟らかい体の間に体液をためて，体を殻の

背側

腹側

　開口部方向に押し上げ，また，間隔をおいて次の新しい隔壁を分泌する．そして新旧の隔壁の間にたまっている体液は，水管を通じて外に排出され，このようにしてノーチラスの空房ができ上がる．
　ところが，古生代の中頃に突然変異が起こった．その変異は，古生代のノーチラスが発生する初期の頃，まだ卵の中にいるうちに，殻の外層や内層を分泌する部分が，長く伸びて図の (c) のようにめくれ返り，(d)〜(f) のように殻の後部を包み込んで後ろの方に長く伸びるようなものだった．こうしてでき上がったベレムナイトでは，殻は軟らかい体の中に入っていた．そうなれば，ベレムナイトの殻には，ノーチラスの殻の外層と内層にあたる構造の違う部分があるに違いない．そこでベレムナイトの根元の部分を輪切りにして，殻の構造を調べてみた．まさしく外層にあたる部分は，写真のように，腹の部分に細長く押し込まれていた．このようにして一見大変形の違った，ノーチラスとベレムナイトの相同関係が図のようになることがわかった．
　古生代のノーチラスの発生の初期に影響を与えた，ただ一つの突然変異がベレムナイトという怪物を生んだのかどうかは定かではない．しかし，相同関係がわかってくると，ベレムナイトもそんなにひどい怪物ではなく，ただ殻の外層や内層を分泌する部分が長く伸びただけのことだった．　　　（花井　哲郎）

アンモナイトの初期殻体構造

　アンモナイトのように付加的殻成長を示す化石は，個体発生と系統発生の関係を研究するのに適する．最近の電子顕微鏡の発達によって，アンモナイトの幼殻に認められる微細な構造を詳しく調べることが可能となった．具体例として，北海道上部白亜系産のアンモナイト3種（*Hypophylloceras subramosum* (Spath)，*Gaudryceras striatum* (Jimbo)，*Desmophyllites* sp.) の幼殻（正中断面）の走査型電子顕微鏡像と，内部構造模式図をそれぞれ①～④に示す．図からわかるように，アンモナイトの幼殻は，楕円形をした中空の胚殻を中心にらせん状に巻いたら環からなり，1巻目付近に外側の殻が急に肥厚する"くびれ"（写真では矢印で示す）が認められる．この"くびれ"までの幼殻（アンモニテラと呼ぶ）を構成する胚殻・原隔壁・ら環はいずれも稜柱層からなるが，"くびれ"付近では新たに真珠層が出現し，以後外側より稜柱層・真珠層・稜柱層の3層からなるら環に変化する．現生頭足類との比較研究から，アンモニテラは卵の中でつくられ，"くびれ"以降のら環や隔壁の大部分はふ化後に順に形成されたと考えられている．

　ところで，写真に示した種類は系統分類学上，フィロセラス，リトセラス，アンモナイト（狭義）の各亜目に属する．写真や表でわかるように，ジュラ-白亜紀のアンモナイト類の幼殻内部の構造や諸形質の成長様式には，亜目ごとに一定の特徴や規則性があり，各亜目の属種間で中間型が存在しない．以上のことから幼殻の内部構造要素は，縫合線とともにアンモナイト類の系統分類に重要な形質と見なせる．

（棚部　一成・大塚　康雄）

ジュラ・白亜紀アンモナイト類の初期殻体構造の分類学的特徴

形質＼分類群	フィロセラス亜目	リトセラス亜目	アンキロセラス亜目	アンモナイト亜目
胚殻の大きさ	中型 (0.5～0.6 mm)	大型 (0.7～0.9 mm)	スカフィテス科では小型 (0.4～0.6 mm)	小型 (0.3～0.6 mm)
アンモニテラの大きさ	中型 (0.9～1.3 mm)	大型 (1.4～1.9 mm)	スカフィテス科では小型 (0.6～1.1 mm)	小型 (0.7～1.1 mm)
原連室細管の形態	太く，短く，外側に向かって湾曲する．2～3本の短い細管を伴う．	左と同じ	左と同じ	長く，直線上に延びる．1～2本の短い細管を伴うものもある．
盲管の形態	球形ないし楕円形	平球形で強いくびれがある．	左と同じ	楕円形
胚殻壁と盲管壁の関係	胚殻壁の一部が耳状に突出する．	直接つながる．	左と同じ	多くは直接つながるが，耳状に突出した胚殻壁をもつものがある．
連室細管の位置の個体発生	2巻目頃までは，ら環の中央部にあり，それ以後，外側（腹側）に移動する．	ごく初期を除き，ら環の外側（腹側）にある．	左と同じ	1～3巻目までは，ら環の中央側にあるが，以後しだいに外側（腹側）へ移る．
隔壁襟の形態	胚殻側および殻口側の両側に突出し，長く延びたものが多い．	殻口側に長く延びる．	殻口側に短く延びる．	殻口側に延び，浅海型のものは短く，沖合公海型のものでは長い．

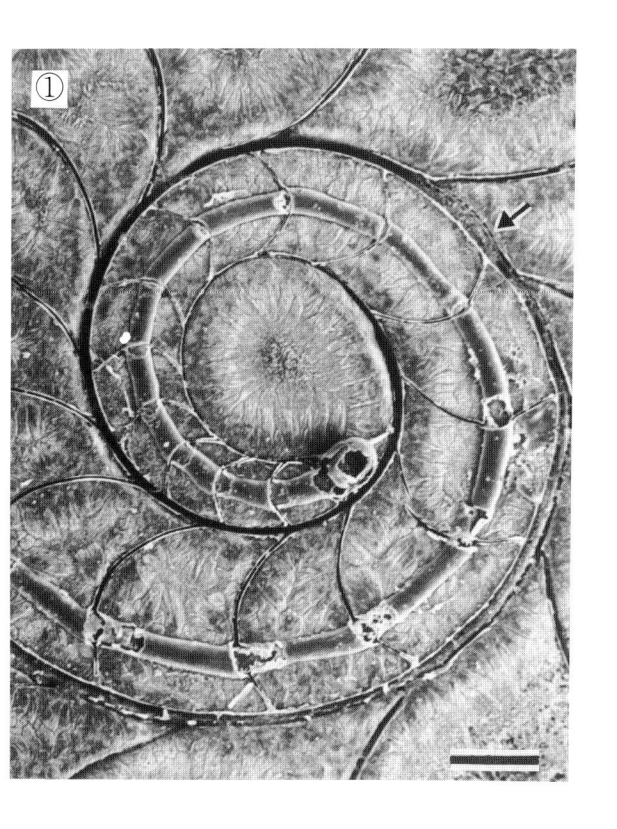

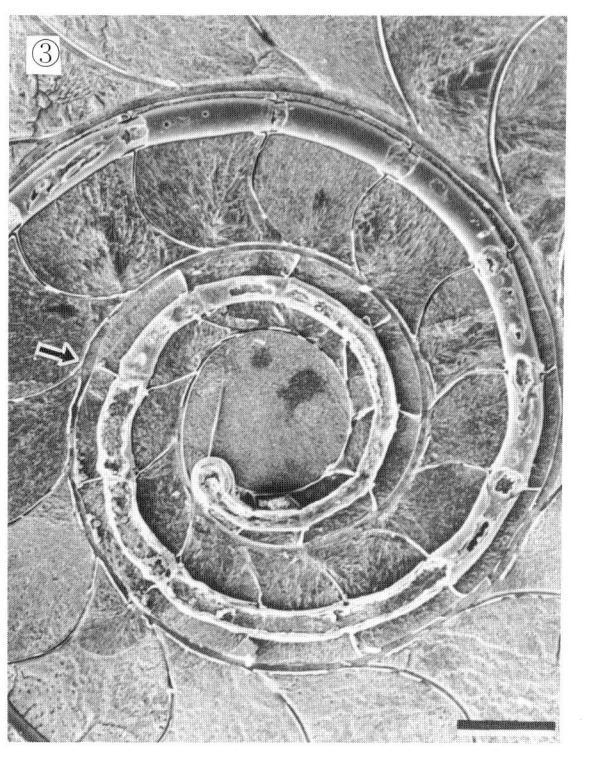

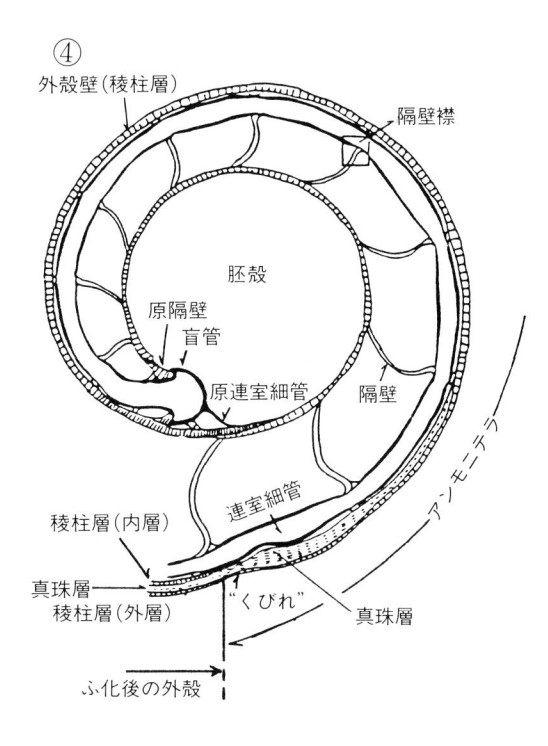

白亜紀アンモナイト類の幼殻内部構造（①～③）とその模式図（④）
　①　*Hypophylloceras subramosum*（フィロセラス亜目）
　②　*Gaudryceras striatum*（リトセラス亜目）
　③　*Desmophyllites* sp.（アンモナイト亜目）
　写真のスケールはいずれも 200μm．

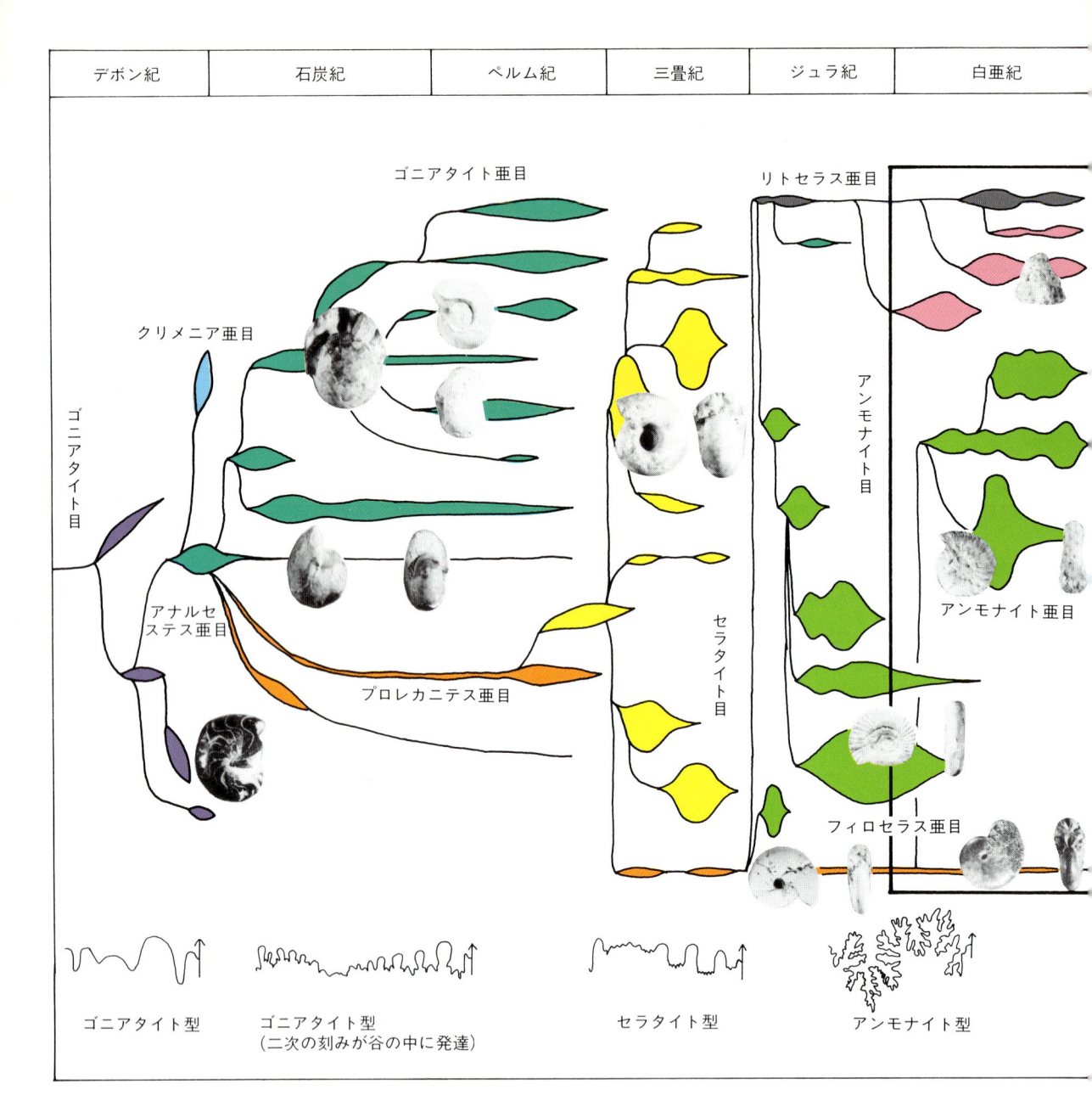

アンモナイトの繁栄と絶滅

　地層中のアンモナイトの数や種類を調べると，地質時代の長い間栄えていたアンモナイトも，デボン紀末（約3億6000万年前）・ペルム紀末（約2億4800万年前）・三畳紀末（約2億1300万年前）・白亜紀末（約6500万年前）には大きな危機に見舞われたことがわかる．

　アンモナイトの進化の道筋をたどるには，その殻のもっているいろいろな特徴と，各種類の分布や発見された地層の時代などを考慮することが必要である．殻の示す特徴の中には，種類が違っていても比較的変わりにくい縫合線のように保守的な性質と，種類によってわりと変わりやすい殻形や装飾のような性質とがある．

　アンモナイトの殻の特徴が，成長に伴ってどう変わるかを調べてみて，先祖と思われる種と子孫と思

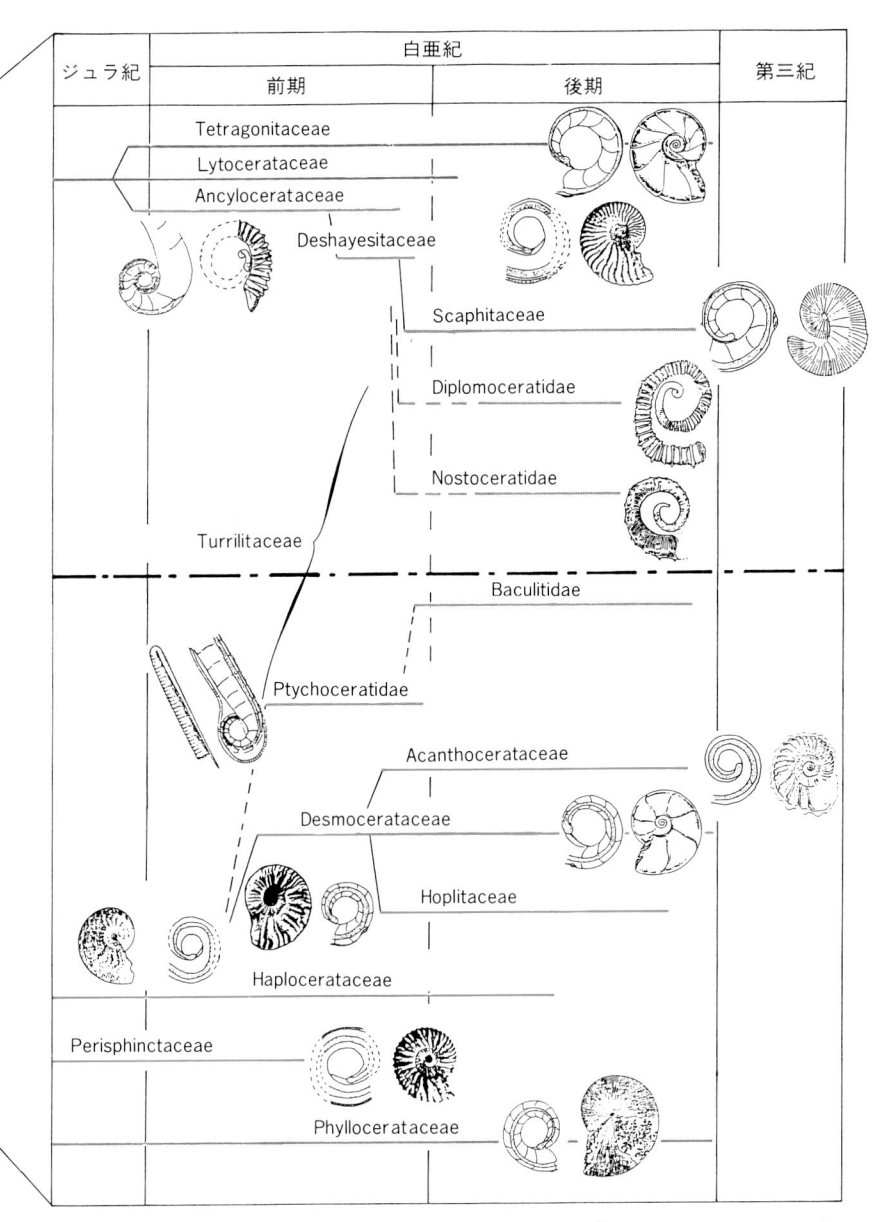

(Matsukawa, 1987 より)

われる種の関係を知ることができる．これには数通りの様式があるのだが，たとえば，個体発生の比較的初期に新しい特徴がまず現れて，子孫ではそれがしだいに成長の後期にまで及び，ついには全般的な特徴となっていくというような場合がその一つである．

　ここには，アンモナイトが，いつ，どのように多様化し滅びたかという概略の様式を知るために，全体を目（亜目）レベルで表した系統樹と縫合線のタイプを左図に示した．また，それぞれの部分の有様がどのようになっているのかを細かく知るために，白亜紀の科（超科）の巻き方や装飾・ふ化後間もない頃の連室細管の位置などを例示した一つの考え方を右図に示した．これらの図をもとに，アンモナイトを例として進化の様子について考えてみよう．初期殻での連室細管の位置が，系統を考えるうえで参考になりそうなことや，従来のトゥリリテス超科が実は多系統のものを含んでいるらしいことが読み取れるであろう．

（小畠　郁生・松川　正樹）

アンモナイトの口球部を復元する

通常，化石として保存されるのは，炭酸カルシウム，ケイ酸，キチン質などでできた貝殻や骨格などの部分（硬組織）にかぎられ，軟体部はほとんど化石に残らない．しかし，硬組織の表面の微細構造を丹念に調べると，そこに軟部組織の微細な痕跡（印象）が認められることがある．それらを近縁な現生生物のものと詳細に比較検討することによって，硬組織と軟部組織との関係や機能形態を知る手がかりが得られる．このような研究は，生物学的古生物学の重要な手法の一つである．

ここでは，北海道浦河地方から産した白亜紀後期のアンモナイト（軟体動物頭足類）の一種，*Gaudryceras* sp. の下顎の例を紹介する．すべての現生頭足類は，上下の顎片（カラストンビ）と歯舌の働きによって餌を食べる．これらの硬組織は，口球と呼ばれる筋肉質の器官の中にあって，よく発達した筋肉によって囲まれている（⑥左）．アンモナイト類においても，上下の顎片と歯舌が元来の状態のまま残った化石が報告されている．①に示すように，問題の下顎は湾曲した黒色のキチン質の層（リン灰石に変質）からなり，先端部に石灰質の沈着物が認められる．その外形は，現生オウムガイ類（*Nautilus*）のものと酷似している．②は，その一部を拡大したもので，外側のキチン層がはがれて内側表面のレプリカ（雌型）が露出している．その表面には，六角凸型の模様がいくつも平行に配列していて，隣接した模様の間には細い溝が認められる．したがって，キチン層のない表面には六角凹型の模様が残っていると考えられる．なお，キチン層の外表面には，同心円状の成長線のみが観察される．

以上の観察結果を，現生頭足類のものと比較してみよう．現生種では，口球内の筋肉は顎に直接付着せず，その間には層状のキチン分泌細胞が存在する．このキチン分泌細胞は，顎表面に明瞭な付着痕を残す．③は，コウイカの上顎の外表面に残されたその付着痕で，一つのくぼみが1個のキチン分泌細胞に対応する．オウムガイ類の顎表面の付着痕（④）は，コウイカのものと異なり，多数の小さい穴からなる．分泌細胞の組織学的観察から，細胞の先端が樹根状に分岐し，その一つ一つが顎の表面に深く入り込み，一つの小孔が1本の分枝に対応していることがわかる（④，⑤）．*Gaudryceras* の顎表面の微細構造は，一つ一つのくぼみが小さいことを除き，コウイカのキチン分泌細胞付着痕に大変よく似ている．このことや顎の体制から考えて，*Gaudryceras* の顎の内表面に残された模様は，キチン分泌細胞の付着痕であると判断される．これまでにわかっている比較解剖学的証拠から，⑥右に示すような *Gaudryceras* の口球構造が推定される．キチン分泌細胞は弾力性を有し，筋肉の顎への強い付着を可能にすると考えられる．*Gaudryceras* のキチン分泌細胞付着痕は現生オウムガイのものと比べて弱いので，おそらくその噛み砕く能力も後者より劣っていたことが類推できる．

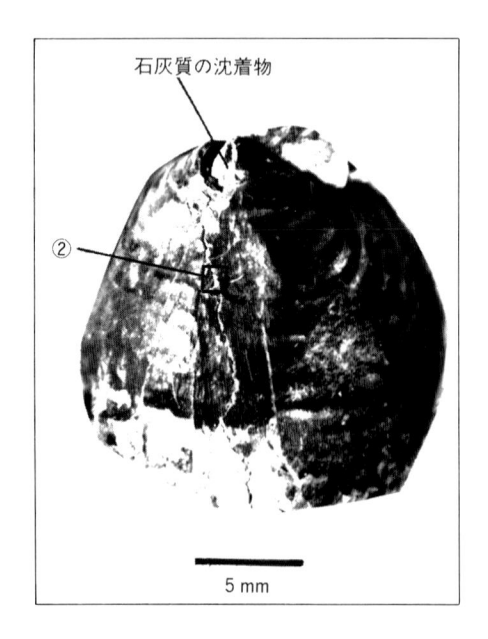

① アンモナイト *Gaudryceras* sp. の下顎（前面）（北海道浦河地方上部白亜系産）

（棚部　一成・福田　芳生）

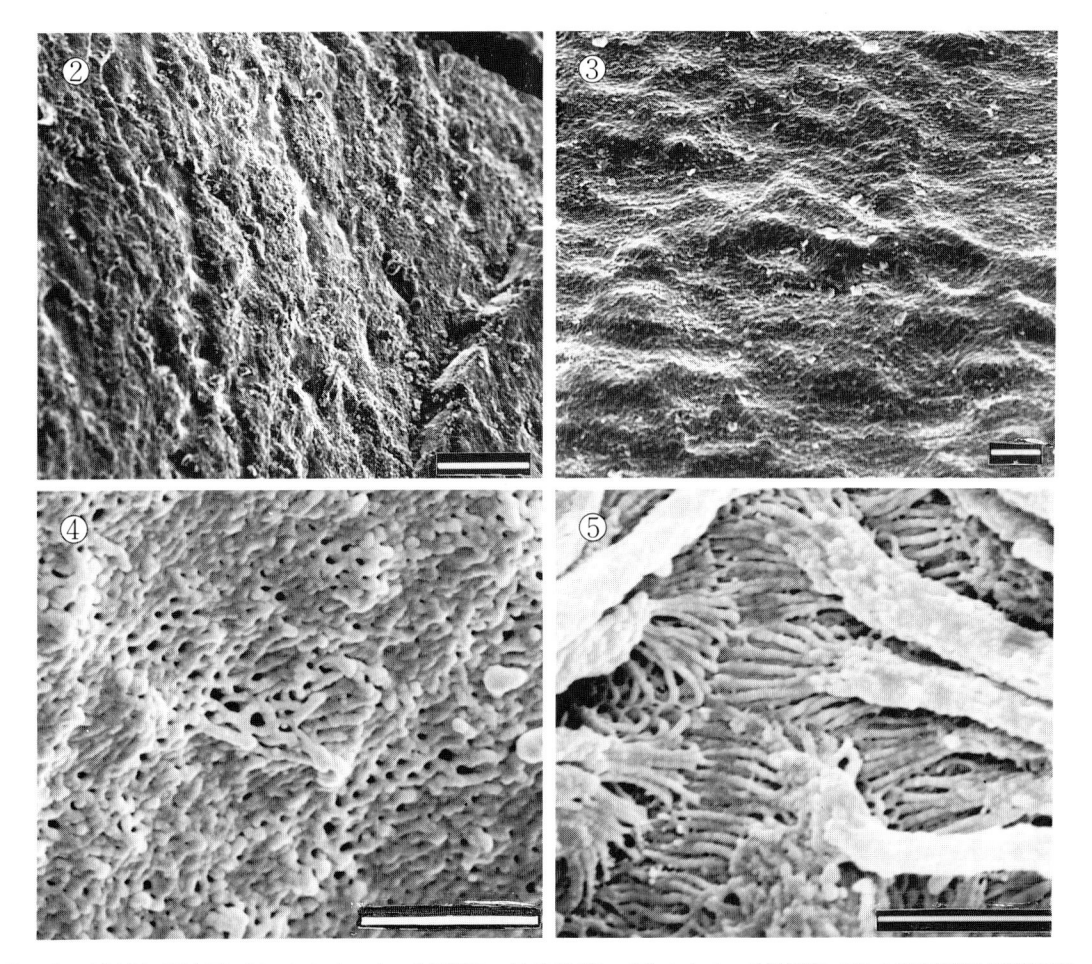

② ~ ⑤ 頭足類の顎表面に認められるキチン分泌細胞の付着痕 (② ~ ④) とキチン分泌細胞 (⑤) の走査型電子顕微鏡像
② *Gaudryceras* sp.
③ コウイカ (*Sepia esculenta*)
④, ⑤ オウムガイ (*Nautilus pompilius*)
　スケールは②が 50 μm, ③ ~ ⑤が 5 μm.

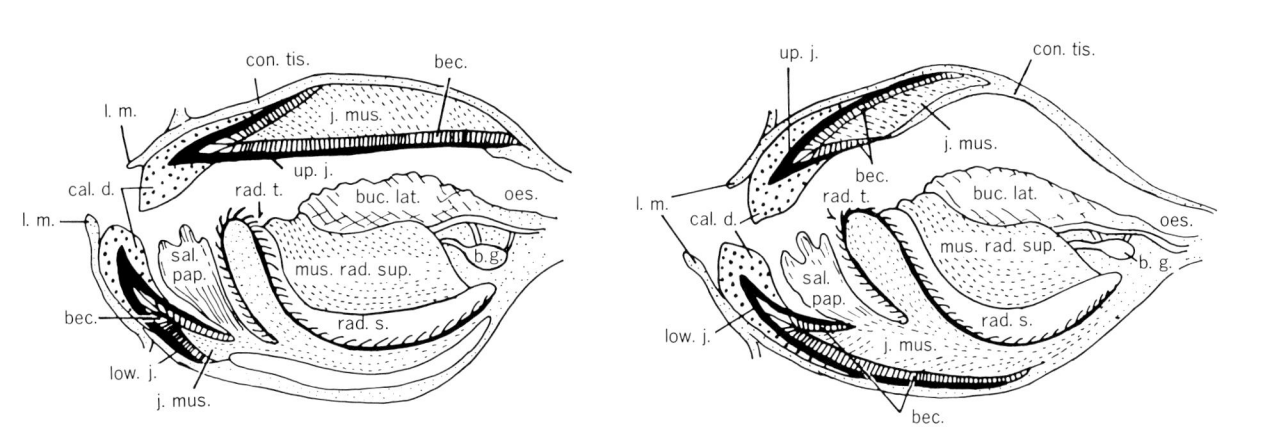

⑥ 現生オウムガイ (左) との比較から類推される *Gaudryceras* の口球構造 (右)
　up. j.：上顎, low. j.：下顎, cal. d.：石灰沈着物, bec.：キチン分泌細胞, j. mus.：顎筋肉, rad. t.：歯舌, rad. s.：歯舌嚢, mus. rad. sup.：歯舌支持筋, sal. pap.：唾液腺乳頭, buc. lat.：側口球髄, b. g.：口球下部神経節, oes.：食道, con. tis.：結合組織, l.m.：口唇部突起.

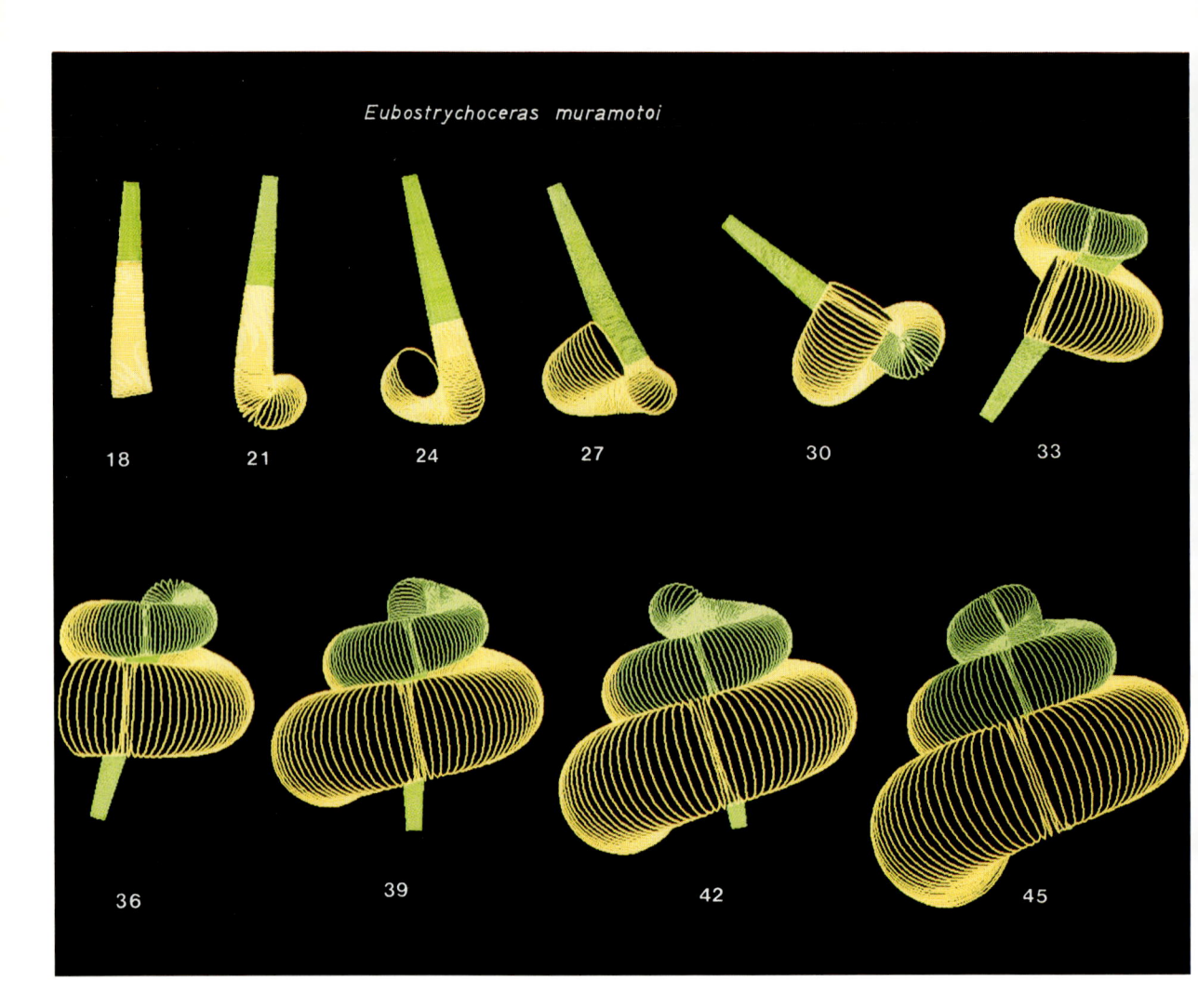

コンピュータによる形態解析

　巻き貝やアンモナイトの殻の巻き方は規則的なので，数式で表現することができる．生物の形態を数式化しシミュレーションを試みることは，その形態の規則性を，よりよく理解できるだけでなく，生物のもつ変異や多様性を定量的に見積もることを可能とする．さらには，生物進化の道筋や生活様式の推定にも役立つであろう．このような学問分野を，理論形態学と呼んでいる．

　理論形態学の例として，異常巻きアンモナイトについての研究を示す．一般にアンモナイトの殻は，軟体部が入っていた住房と，空気を入れて浮力を得ていた気房とに分けられ，それぞれの部屋は，成長に伴って大きくなっていく．したがって，アンモナイトが海水中に浮かんで生活していたならば，比較的重たい住房部を下に向けていたと考えられる．

　このような考えに基づいて，異常巻きアンモナイト Eubostrychoceras muramotoi（①）の生息姿勢をコンピュータで復元したところ，1巻き半ないし2巻きのステージで，姿勢の急激な逆転が推定される（上図，黄色は住房，緑色は気房）．実際の標本でも，ちょうどそのステージで殻表面の模様が変化しているのが観察できる．

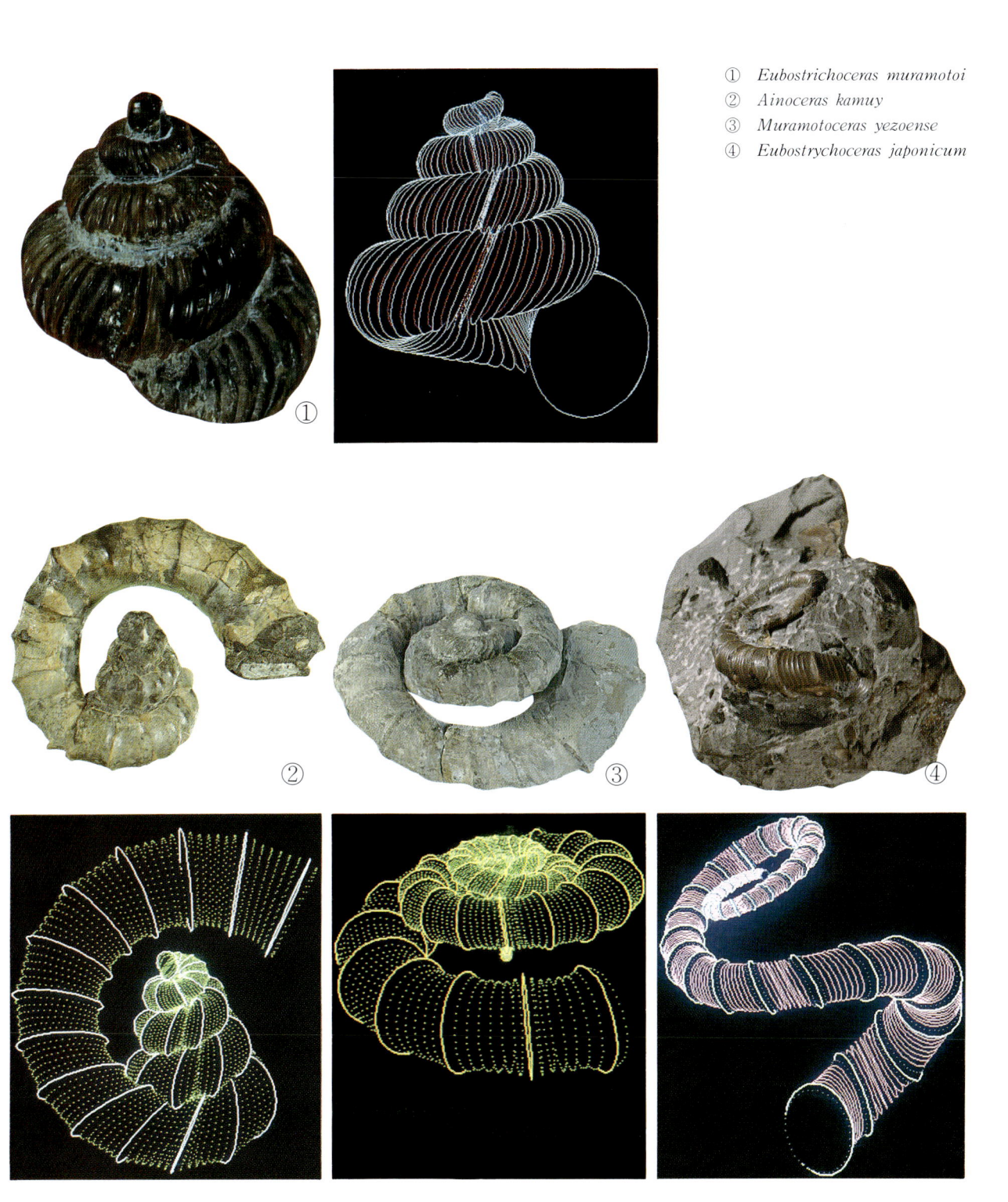

① *Eubostrichoceras muramotoi*
② *Ainoceras kamuy*
③ *Muramotoceras yezoense*
④ *Eubostrychoceras japonicum*

　肋と呼ばれているこの殻表面の模様は，そのステージでの殻の開口部の形状を表していることがわかっている．生息姿勢に合わせてこれが変化するということは，開口部が海底面に対して一定の傾きをなすように殻がつくられていった結果ではないだろうか？　コンピュータを使えば，この様式で殻が成長していく様子をシミュレートすることが可能である．そこで，いくつかの異常巻きアンモナイトについてこのシミュレーションを行い，理論的な肋の変化パターンを推定してみた．これらの結果は実際の標本のパターンときわめてよく合い，仮定の正しさを裏付けている（上図）．

（岡本　隆）

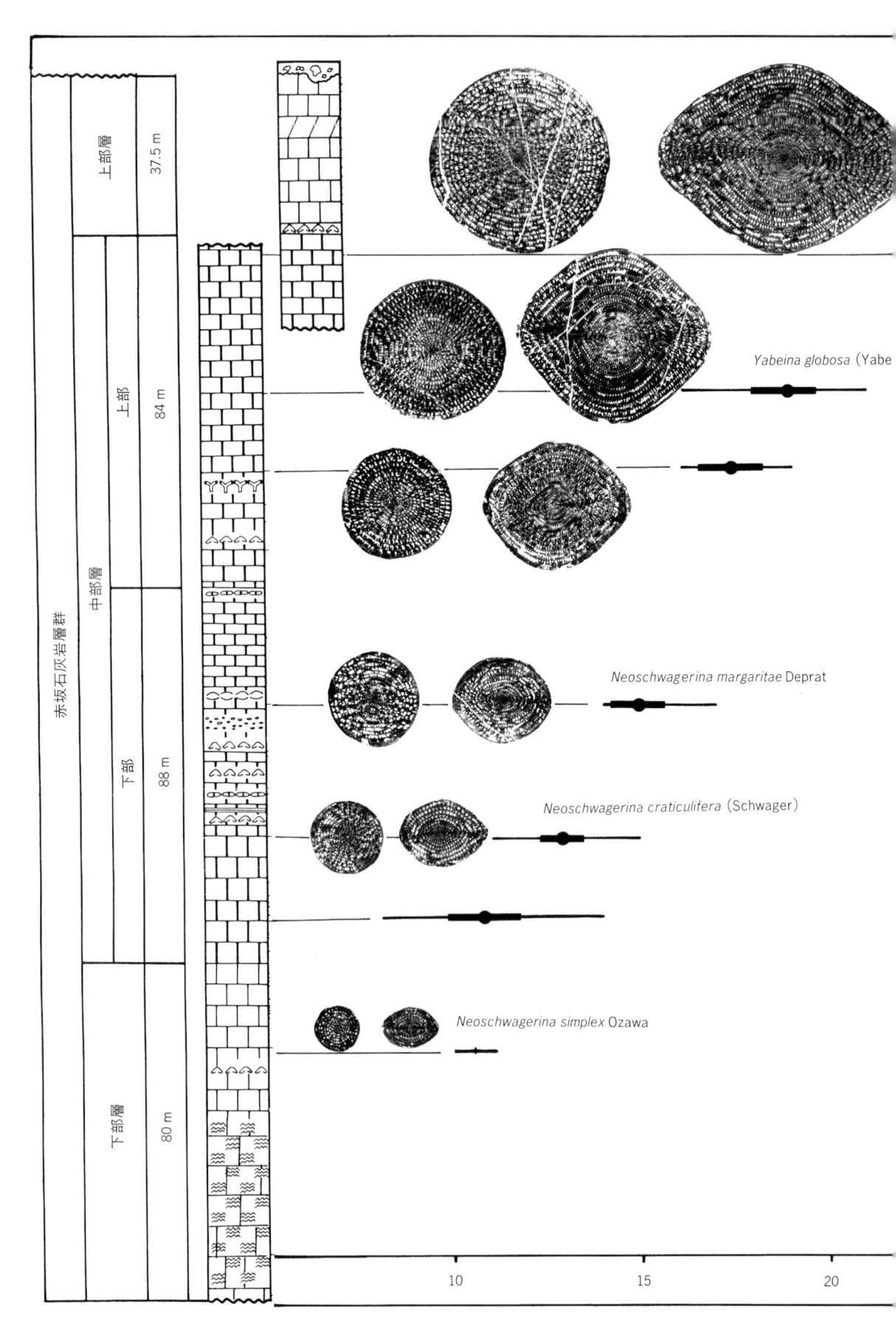

赤坂石灰岩層群

上部層 37.5 m

中部層
　上部 84 m
　下部 88 m

下部層 80 m

Yabeina globosa (Yabe)

Neoschwagerina margaritae Deprat

Neoschwagerina craticulifera (Schwager)

Neoschwagerina simplex Ozawa

10　　15　　20

進化の道筋―フズリナ類の長期にわたる系列漸進進化の好例

　西南日本の山口帯，丹波-美濃帯および秩父帯には，陸源物質をまったく含まず長期間にわたって連続して堆積した厚い石灰岩体が知られている．その代表者である秋吉石灰岩を例にとると，石炭紀前期末からペルム紀中期末まで，実に 8500 万年以上にわたり石灰岩のみのほぼ連続した堆積が認められている．この種の石灰岩体には，長期にわたりフズリナ類の系列進化が素晴らしくよく保存されており，古生物学的にきわめて興味深い研究素材が提供されている．

　図は岐阜県下の美濃帯にある赤坂石灰岩で認められた，ネオシュワゲリナ科フズリナ類の一つの系列における形態進化を表したものである．赤坂石灰岩層群の中部層は，この科のフズリナ類の全盛期にあたり，多くの層準よりよい研究資料が得られる．殻の内部構造を規定している諸形質から判断すると，独立して進化したと思われるいくつかの系列が認められる．ここに図示したものは，*Neoschwagerina simplex* から *Yabeina globosa* に至る系列である．この系列の進化をみると，殻のサイズ，殻の巻き数，初室の大きさ，室を小室に分ける副隔壁の数などに漸進的な形態変化が認められる．*N. simplex* から *Y. globosa* までの進化は，時間的にはおおよそ 1000 万年に相当し，この間に殻の巻き数は約 2.4 倍に，殻の体積は約 80 倍に増加した．

　類似の実例は，東アジアの二畳紀中期の石灰岩に広く分布している *Lepidolina multiseptata* の形態進化をはじめとして，他のフズリナ類にもしばしば認められる．このような系列漸進進化は，自然選択によって集団の遺伝子プールの内容が，長時間にわたり徐々に変化していった結果と考えられ，生物の進化様式を考察するうえで重要なデータを提供する．　　　　　　　　　（小澤　智生・川合　康司）

フズリナ類に見られる系列漸進進化の一例

貝類の二型現象と進化の様式

　軟体動物の殻の形状は，普通同一の種の中では連続的に変異し，時間とともに連続的に変化（進化）していく．しかし，ここに示すイタヤガイ類の2例のように，単一の集団の中に明らかな不連続的変異があり，表現型の置換によって進化の過程が表されることがある．日本列島の太平洋岸・日本海岸の暖流域の砂底にすむ *Cryptopecten vesiculosus*（ヒヨクガイ）には，誰にでも容易に区別できる二つの表現型が含まれている．一方の型では外表の放射肋が高く角張っているのに対して，他方の型では放射肋が低くなだらかで，肋間が皮膜のような鱗片でおおわれる．両型の中間の個体はいくら探しても見つからない．ところが，鮮新世や更新世前期の化石集団は単型で，すべての個体は高肋型である．低肋型の個体が最初に出現するのは更新世後期（約50万年前）で，それ以後はしだいに低肋型の占める割合が多くなり，現在では40〜45%に達している．この進化系列では，当初高肋型の個体だけからなる集団に，突然変異に由来する低肋型個体が含まれるようになり，自然選択またはランダム効果によって2型の相対頻度が変化して現在に至ったと考えられる．

① ヒヨクガイの二型現象
　左は高肋型の右殻・左殻，右は低肋型の右殻・左殻〔伊勢湾口産（現世）〕．
② ヤミノニシキの集団標本
　高肋型と低肋型の個体が同所に生息し，おそらく同じ繁殖集団を形成している〔有明海（現世）〕．
③ ヤグラニシキの集団標本
　ヤミノニシキの祖先種と考えられるが，高肋型しかない（島原半島更新統産）．

　西日本の内海にすむ *Volachlamys hirasei*（ヤミノニシキ）の集団にも，典型的な低肋型の個体と，従来誤って種や亜種のレベルで区別されていた高肋型の個体（アワジチヒロ）が必ず混在している．本種の直接の祖先とみられる更新世中期の *Volachlamys yagurai*（ヤグラニシキ）は，すべて高肋型個体からなるので，ヒヨクガイの場合とよく似た進化様式が推定される．

　現在進化学界で話題となっている断続進化説では，化石記録にしばしば認められる形態変化の不連続性は，主に種が分化するときに起こる急速な形態変化によるものとされている．ここで示した二つの実例は，この学説を否定するものではないが，種分化が起こらなくても一つの表現型が中間型を経ることなしに別の表現型に置換され，結果的に飛躍的な形態変化が起こりうることを具体的に示している．

〔速水　格〕

大量絶滅

　過去30億年の化石記録を見ると，生物の多くの分類群が世界中で同時に絶滅したように考えられる時期がいくつかある．古生代末の三葉虫・四放サンゴ・フズリナの絶滅，中生代末の恐竜・アンモナイト・ベレムナイト・イノセラムス・厚歯二枚貝の絶滅は，最も劇的で大規模なものである．絶滅はまぬがれても，古生代末の腕足類・ウミユリのように急速に衰退したグループもある．前の時代に栄えていた分類群の大量絶滅を機に，別の分類群が急速な適応放散を起こして，空所となった生態的地位に進出する例も数多く知られている．

　このような大量絶滅の原因については，以前からさまざまの推測がなされてきた．近年，Raupらは地質時代に起こった分類群の出現・絶滅が，どの程度偶然によるものかを検討するために，コンピュータシミュレーションを行った．その結果，一般に紀や世の境界におけるような小規模の絶滅については，ランダム効果として説明が可能であるが，古生代末や中生代末のような大量絶滅はシミュレーションでは再現できず，何らかの決定論的要因が支配しているとの結論が得られた．

　推定されている大量絶滅の原因をとりまとめていえば，1) 天変地異，2) 環境変化，3) 生物間の競争，に三分されよう．最近脚光を浴びている天変地異説に，中生代末の巨大いん石説がある．白亜系−第三系の境界部には，世界各地に広くイリジウムの異常な濃集層があるが，これは大いん石の落下によって舞い上がった大量のほこりが降下したものと考えられている．日本でも斎藤常正らによって，北海道東部の海成層中にこれに相当すると思われる厚さ数cmの黄鉄鉱に富む粘土層が知られた．斎藤らは花粉分析の結果などから，この時期に植生の大きな変化が起こったと結論し，その原因を巨大いん石の落下に誘発された大規模な山火事に求めている．大量のほこりが太陽光線をさえぎると異常低温をもたらすと考えられるので，恐竜などの絶滅をこの大いん石の落下に求める仮説も検討されている．しかし，アンモナイトなどの海生動物の絶滅は，白亜紀末の少し前から徴候が現れている（種や属の多様性が減じている）ので，この事変だけで中生代末の大量絶滅を説明するのは困難であろう．

　古生代末の海洋生物の大量絶滅に対しては，大陸移動に伴う超大陸パンゲアの成立によって海流系が大規模に変化し，陸棚面積が著しく減少したことに原因を求める説がある．生物の多様性は生息面積と密接な関係があり，この時期の絶滅は陸上生物にはほとんど影響を与えていないので，この説はかなり有力とみられる．

　より小規模の絶滅については，前述のように確率論的説明が可能であるが，海生古生物の変革の時期は，地質学的に知られる海退の時期とよく一致する場合が多いことが知られている．海退は，地域的な地殻変動や大陸氷河の発達でも生ずるが，安定大陸上の陸棚では，海進・海退は海嶺のパルス的活動によることが示唆されており，そうであればこの現象が広域にわたることも理解しやすい．大量絶滅の原因の推測は，ともすると「風が吹けば桶屋がもうかる」的な議論になり勝ちである．要因の立証は今後とも困難であろうが，どれだけ多くの地質学・古生物学上の事実を統一的に説明できるかによって，学説が評価されることは疑いない．

　　（平野　弘道）

- 地球磁場の逆転の時期に，生物に有害な宇宙線が増えて大量絶滅を引き起こしたのだ！
- 地磁気の逆転は地質時代にしばしば起こっているよ．古生代末と中生代末に特別に宇宙線が増えた証拠でもあるのかね？
- 低温化したら暖かい地方に移住すれば生き延びられるじゃないか？
- それにしては，海の生物の方が大きなダメージを受けたことが説明できないじゃないか．
- 白亜紀末の大量絶滅は一挙に起こったんじゃなくて，その少し前から始まっているよ．大いん石だけで説明するのは無茶だよ．
- 中生代末の大量絶滅は，大いん石の落下で舞い上がったほこりが太陽光線をさえぎり，地表が低温化したためだ！
- 古生代末の大量絶滅には，氷河期や乾燥化などの気候変化が影響しているのではないか．
- 第四紀の氷河期は大きな気候変化のあった時代だろうが，特別に大規模な絶滅は起こっていないよ．
- 造山運動で地球上の環境が大きく変わったためだ！
- 世界的な海退が起こって，浅海の生物の生活空間が狭められ，生物間の競争が激しくなったためだ．
- 海退の時期と大量絶滅の時期はだいたい一致しているようだが，はたしてそれだけで説明できるのかな？
- 造山運動の時期は世界中で一致しているわけではないよ．プレートの衝突だっていろいろな時期に起こっていて，一斉の大量絶滅は説明できないよ．
- 検証する方法がなければ科学にはならないよ．
- きっと中生代末に恐竜の卵を好んで食べるほ乳類が現れたのだよ．
- 大量絶滅は約2600万年の周期で起こっているようだ．
- 古生代末にパンゲアの成立で世界中の大陸が一つになり，浅海の面積が減って種数の減少が必然的に起こったのだ！
- プレートテクトニクスと生態学の理論を結び付けた面白い考えだ．種数が減るのはわかるが，どうして特定の分類群だけがやられて，他の分類群は危機を乗り越えることができたのかな？
- 天変地異の周期説はよく聞くが，どれもまだマユツバだな．

大量絶滅をめぐる議論

タカハシホタテの適応戦略——中生代型生活様式の復活

中生代には，進化研究の材料として有名なグリフェア（*Gryphaea*）をはじめ，スープ皿状ないしは半球状の重厚な殻をもつ二枚貝がさまざまのグループに知られている．これらの二枚貝は強く膨れた一方の殻で，お椀を浮かべたように，軟らかい泥底にほとんど動かずに"浮かんで"生活し，厚い貝殻で捕食者から身を守っていたと考えられる．このようなグリフェア型の生き方は"氷山戦略"と呼ばれている．新生代および現世には，このような適応形態を示す二枚貝はほとんど知られていない．これは，新生代に入ると，表生の貝類を噛み砕いたり穿孔して食べる強力な捕食者と，底質をかき回す泥食動物が増えたことに原因があると考えられている．

"氷山戦略"は新生代ではまったく通用しなかったのだろうか？ 鮮新世に北日本の内湾の堆積物に多産し，いわゆる竜の口-滝川動物群の代表種とされているタカハシホタテ（*Fortipecten takahashii*）は，この数少ない実例とみられる．この種は，幼期には現世のホタテガイによく似た比較的薄い両凸の殻をもつが，成長の中期から極端な不等成長が始まり，グリフェア型の成員に育つ．成員の右殻は半球状に強く膨れ，殻質は左右の殻ともほぼ同じサイズのホタテガイに比べて4倍くらい厚くなる．最大個体は殻径18cm，殻の重量は800gに達する．

ホタテガイは捕食者に襲われたとき，殻のすき間（前後にある）からジェット水流を噴出し，その反動で遊泳して難をまぬがれる．このような種では，成長するにつれて殻の重量の増加による遊泳能力の低下が生ずるが，それをできるだけ防ぐために，1）殻を相対的に薄くする，2）前後の殻のすき間を広げる，3）殻頂角を大きくして水流噴出の効率を高める，4）肉柱の横紋筋の部分を相対的に大きくし，殻の中央部に移動させてより強力に殻を閉じて強い水流を噴出できるようにする，などの調整がみられる．ところがタカハシホタテではこのような調整がみられない．それどころか，殻は相対的にひどく厚くなり，前後のすき間は消失し，殻頂角は成長に伴ってむしろ小さくなる．遊泳能力は成長の中期に急速に失われたに違いない．つまり，タカハシホタテは幼期にはホタテガイと同様に遊泳して捕食をまぬがれていたが，成長の途中で急にこの戦略を放棄して"氷山戦略"に切り換えた．捕食者に対して殻を重厚にして，「食えるものなら食ってみよ」と居直ったのである．重心の低い半球状の殻は，水流や他の動物によって生活姿勢が乱されたとき，"おきあがりこぼし"のように重力だけで復元できる利点があった．

このようにタカハシホタテは，一時的にせよ，中生代のグリフェア型生活様式の復活に成功した．一時は本州東北部・北海道・サハリン・カムチャッカに分布を広げたが，新生代の海はこのような生活者にはやはり厳しく，鮮新世末には絶滅し，第四紀に生き延びることはできなかった． 〔速水 格〕

合弁個体を前方より （×0.9）

よく膨れた右殻 （×0.8）

合弁個体を斜め前方より （×0.9）

タカハシホタテ （*Fortipecten takahashii*） の成貝化石
（北海道滝川市産）

カキの殻の機能形態

岩手県北部や北海道中部の白亜紀層からは，殻の長さが1～1.2mにも及ぶ，棒杭のように細長いカキの化石が，泥層の中に立って入っているのが見つかる．このカキは，肉の入っていた凹部が殻の上端にあって，殻の大部分はただの石灰質の棒でできている．しかも一方の殻（右殻）は，きわめて薄く平らである．

カキ（正しくはマガキ類のカキ）は，元来，岩や他の固い物体に殻の一部を固着させ，エラで海水をこして海中のプランクトンや有機物片を集めて食物としている生物である．このような生活様式の動物は，フジツボやカイメン，サンゴなどがそうであるように，岩礁上にすむものが多い．しかしカキは，岩礁にもいるがそれは例外的で，干潟の軟らかい泥の上にたくさん集まって生息している．

泥底ではカキが固着できる固い物体はほとんどない．また次々と堆積する泥のために埋められ，エラが詰まって窒息死する危険性が大きい．しかし固着性のカキは逃げることもできない．このような，固着性沪過食という性質と矛盾するような泥底で繁栄するために，カキは，その殻の形態や構造に独特の工夫をこらしている．

この白亜紀のカキの，棍棒状の殻は，泥の中で生き延びていくための工夫の一つであるらしい．すなわち，固着して身動きのとれなくなった殻を，泥が堆積するとともに上へ上へと伸ばし，殻の下部を石灰分で埋め立てて，生きている肉体を泥の面より常に高く保っていたものであると考えられる．

しかし，このように細長い殻をつくるために，他の部分の形態や殻の開閉機構に無理が生ずることとなった．二枚貝はカキ類も含めて，2枚の殻を結ぶ蝶つがいのところにあるじん帯のバネを利用して殻を開き，閉殻筋（貝柱）の収縮で閉じる．この棍棒状のカキは，じん帯を泥に埋もれたまま残して成長するためそれを利用することができず，どうやら薄い平らな右殻の弾性を利用していたらしい．すなわち筋肉が収縮すると右殻がしなって殻が閉じ，弛緩すると右殻はもとの平らな形に戻り殻が開く．このためには，殻が薄く平らでなくてはならない．殻が細長く伸びるには，成長の際に新しい殻の部分が前の殻の先端に同じ向きに付け加わらなくてはならない．もし同じ向きでないと殻は曲がり，細長くならない．同じ向きに付け加われば，殻の全体形が平らな板になるのはごく自然なことで，この点は都合がよい．

殻の開閉だけでなく，肉をもち上げるために殻の内部を埋め立てるのに，このカキはチョーク層と呼ばれるすき間の多い物質を分泌している．この物質は殻を軽くし，泥の中に沈んでしまわないためにも役立っている．

このように，カキの殻の全体あるいは部分の形やその内部構造は，固着性のカキが泥の中で生活するのに適するようになっているのである．

(鎮西　清高)

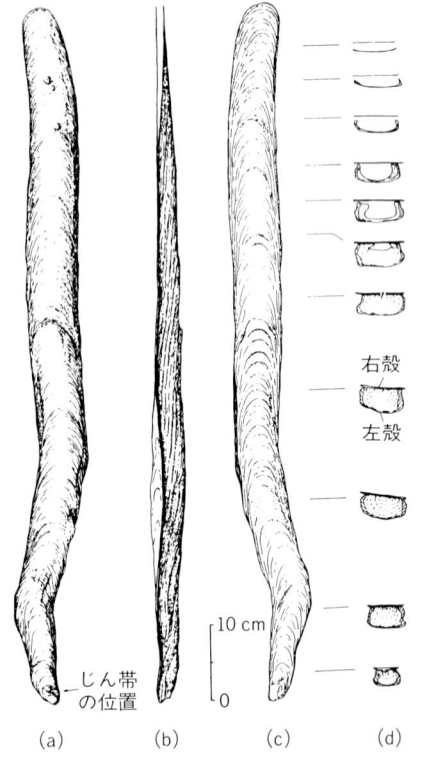

(a)　左　殻
(b)　殻の後縁
(c)　右　殻
(d)　殻の断面

コンボウガキの産状（岩手県の上部白亜系）

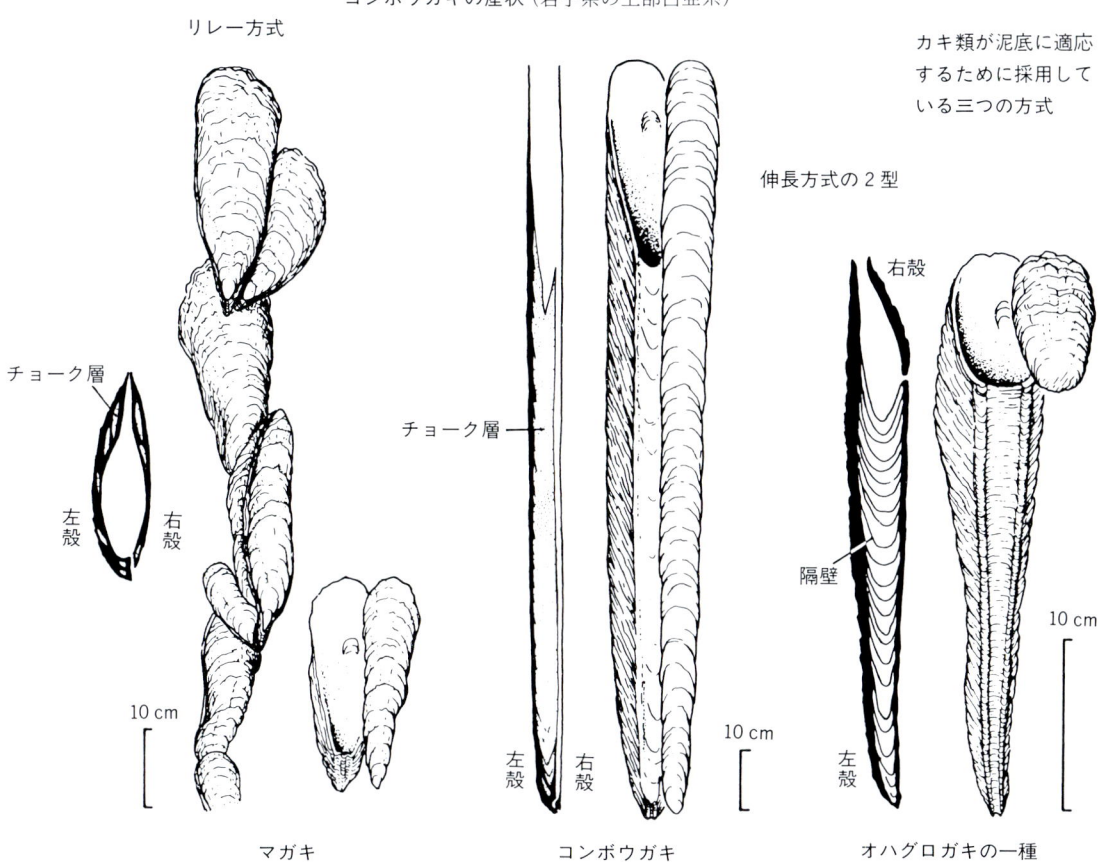

リレー方式

カキ類が泥底に適応
するために採用して
いる三つの方式

伸長方式の2型

チョーク層

左殻　右殻

チョーク層

右殻

隔壁

左殻

10 cm

10 cm

10 cm

マガキ

コンボウガキ

オハグロガキの一種

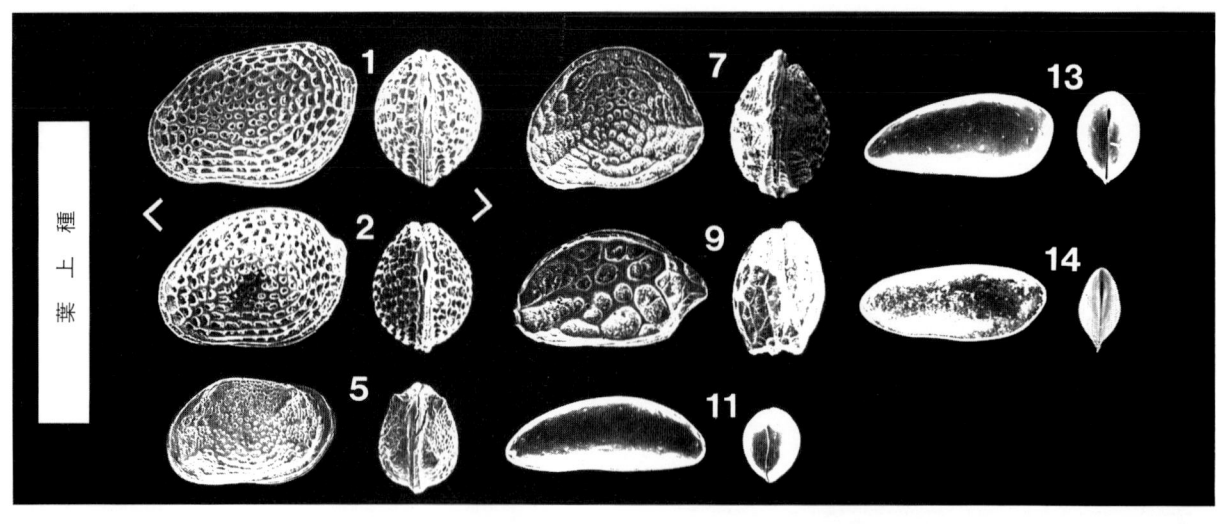

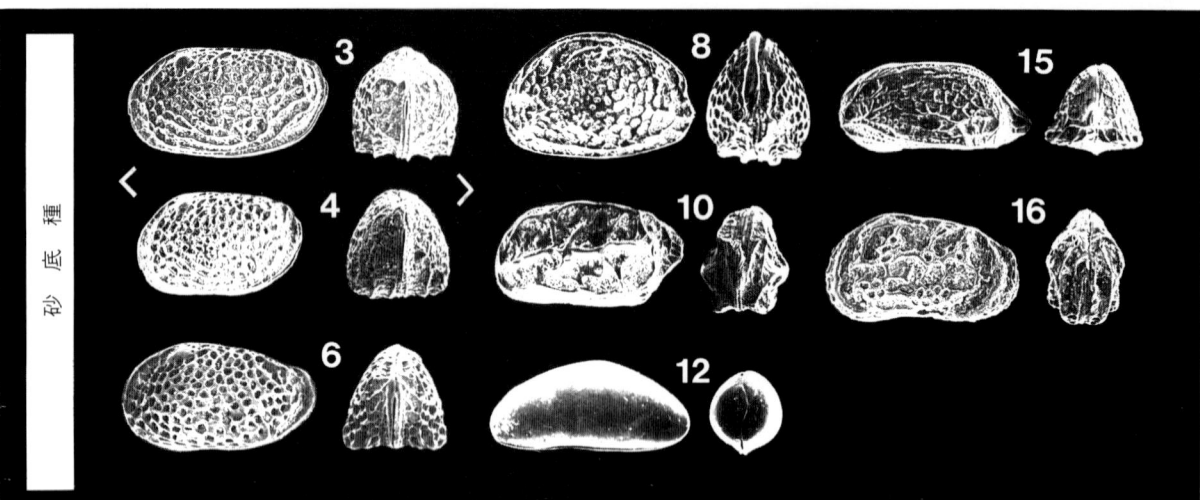

① アマモ場にすむ貝形虫の背甲の形態

上段はアマモ葉上種，下段は砂底種．それぞれの数字の左側の写真は背甲を左側面から見たもの，右側の写真は背甲を尻の方から見たもの．

1. *Loxoconcha japonica* (オス，×25)
2. *L. japonica* (メス，×25)
3. *L. uranouchiensis* (オス，×25)
4. *L. uranouchiensis* (メス，×25)
5. *Loxocorniculum mutsuense* (×22)
6. *Loxoconcha* sp. (×25)
7. *Aurila munechikai* (×20)
8. *A. uranouchiensis* (×18)
9. *Hemicytherura kajiyamai* (×34)
10. *H. tricarinata* (×34)
11. *Cytherois ezoensis* (×34)
12. *C.* sp. (×34)
13. *Paradoxostoma coniforme* (×20)
14. *P. setoense* (×20)
15. *Semicytherura elongata* (×34)
16. *Callistocythere rugosa* (×29)

貝形虫の形態と性行動

貝形虫は大きさ1mmほどの小型の甲殻類の一群で，化石として保存されやすい石灰質の背甲（殻）をもつ．今から5億数千万年前のカンブリア紀に出現し，現在も海や湖，池などにいろいろな種類が普遍的に生息している．

貝形虫は，私達からみると，ささいに思われる環境の細かな違いに実にうまく適応して生活している．

〔交尾時間〕

数秒間

3秒以内

② アマモ葉上種 *Loxoconcha japonica* の交尾
左側：上（メスの背中の方）から見たところ
右側：横（メスの尻の方）から見たところ

数十秒間

数分～30分間

③ 砂底種 *Loxoconcha uranouchiensis* の交尾
左側：上（メスの背中の方）から見たところ
右側：横（メスの尻の方）から見たところ

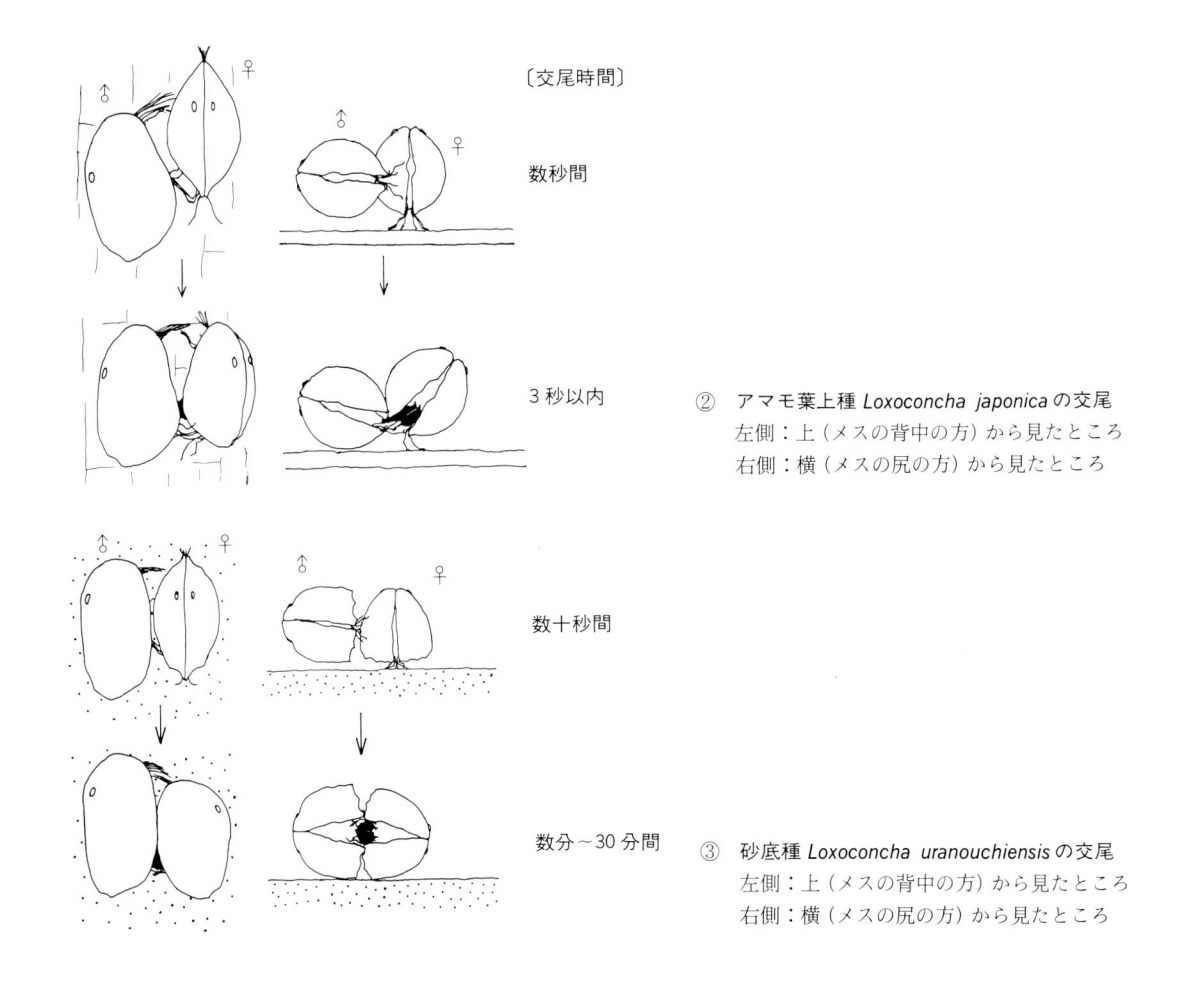

　たとえばアマモという海草の葉の上で生活する種類の背甲の形は，横から見ると丸く，尻の方から見るとラグビーボール型をしている（①の上段）．一方，アマモの生えているすぐ下の海底の砂の上で生活する種類は，横から見ると長方形，尻の方からはおにぎり型に見える背甲をもち，葉の上にすむ種類に比べずっと平坦な腹面をもつ（①の下段）．この背甲の形の違いはそれぞれの種類の行動様式，特に交尾の姿勢と深いつながりをもっている．

　砂底上で生活する種は，オスとメスが腹を合わせ，互いに脚で抱えるようにして砂の上にごろんと横になり，長時間かけて交尾する（③）．平坦な形をした砂底種の腹は，この交尾の姿勢にぴったりである．他方，もし仮に葉の上で生活する種類がこのような姿勢で交尾すれば，交尾中のペアは葉の表面からすべり落ちてしまうだろう．実際には葉上で生活する種類は，葉の表面にしがみついたメスの側面にオスがしがみつき，このままの姿勢ですばやく交尾を済ませる（②）．この姿勢だと，葉上から砂底上に落下することなく交尾が遂行できる．そして彼らの背甲は，この姿勢にきわめて都合のよい形をしている．側面から見て丸い形は，尻と葉面の間に空間をつくる．また尻の方から見るとよくわかるが，背から腹にかけて滑らかにカーブしているので，オスとメスは斜めの位置でも殻のへりとへりを合わせやすい．こんな小さな貝形虫でも，すみ場所に適した行動様式をもっており，形態はその行動をきわめてよく反映しているといえる．

　このような，現生貝形虫の形態と環境との関連性を調べる研究は，化石貝形虫と古環境との関連を推定する際に大いに役立つ．

(神谷　隆宏)

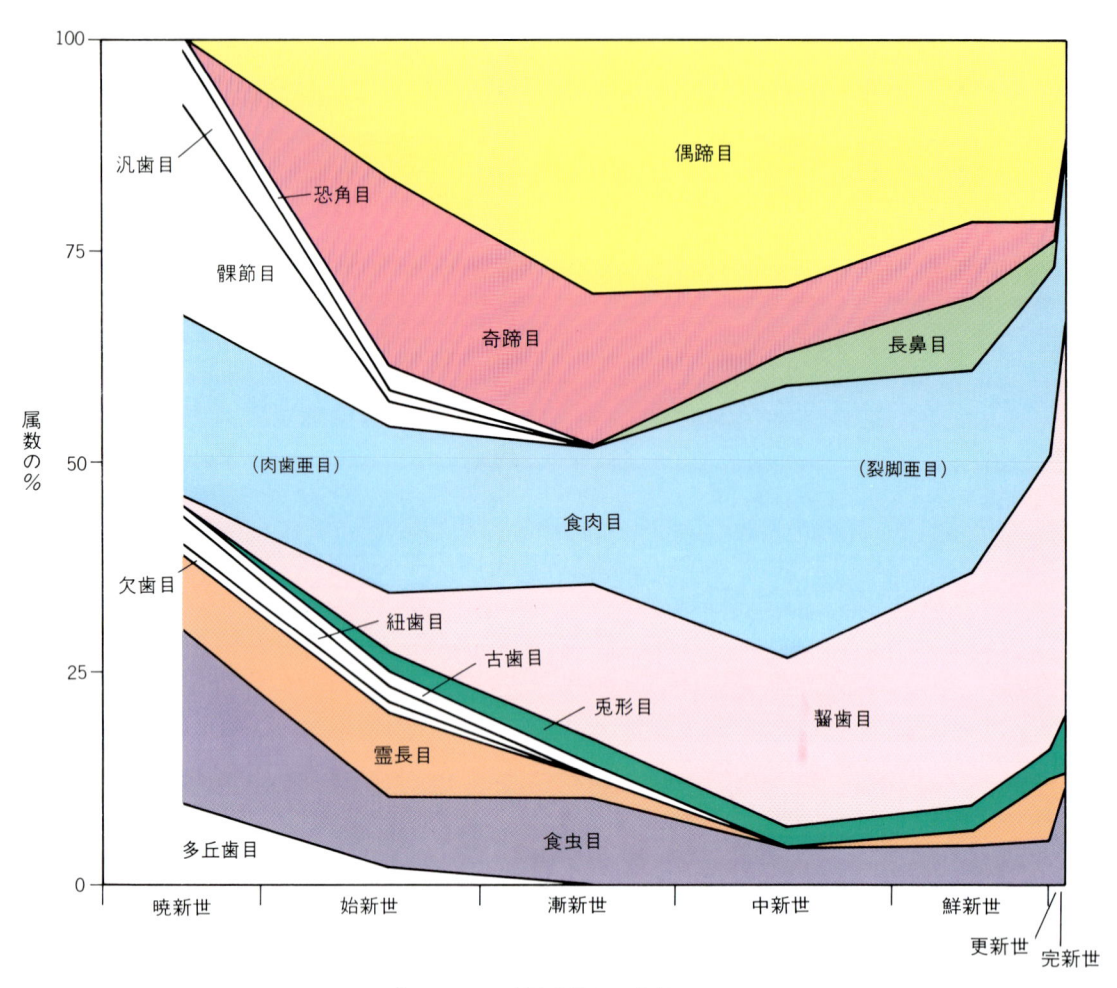

北アメリカの新生代陸上ほ乳類の興亡

ほ乳類の栄枯盛衰

　新生代はほ乳類の時代である．中生代以降にしだいに気温が低下し，乾燥化が進んできた．この過程でほ乳動物は草を食べられるように適応できたかどうかが，生き残れるか絶滅するかの分れ道であった．
　始新世にはほ乳類の重要な目はほとんど出現した．分類上各目に所属する属数を各世ごとに比率をとってみると，図のようになる．これらの図はアフリカと北アメリカの例を扱ったものであるが，世界的に同じような傾向であったことがわかる．
　奇蹄目，ヒズメウサギ目，重脚目，長鼻目，翼手目，食虫目，霊長目などに減少する傾向が見られるが，これに対して齧歯目や偶蹄目は増加している．このことは，草食性のものがしだいに増加していることを意味している．また，それらを獲物とする食肉目も増えていることがわかる．ウマやゾウなどの生き残りは，長冠歯でセメント質が付加したもので，明らかに草食に適応したものである．このような動物側の変化からみると，自然環境が草原化へ，すなわち乾燥化してきたことを示している．この傾向は中新世から始まり，鮮新世で顕著である．逆に古第三紀の頃のものは短冠歯でセメント質が発達しておらず，水分の多い柔らかい植物食のものばかりであったことがわかる．

（長谷川　善和）

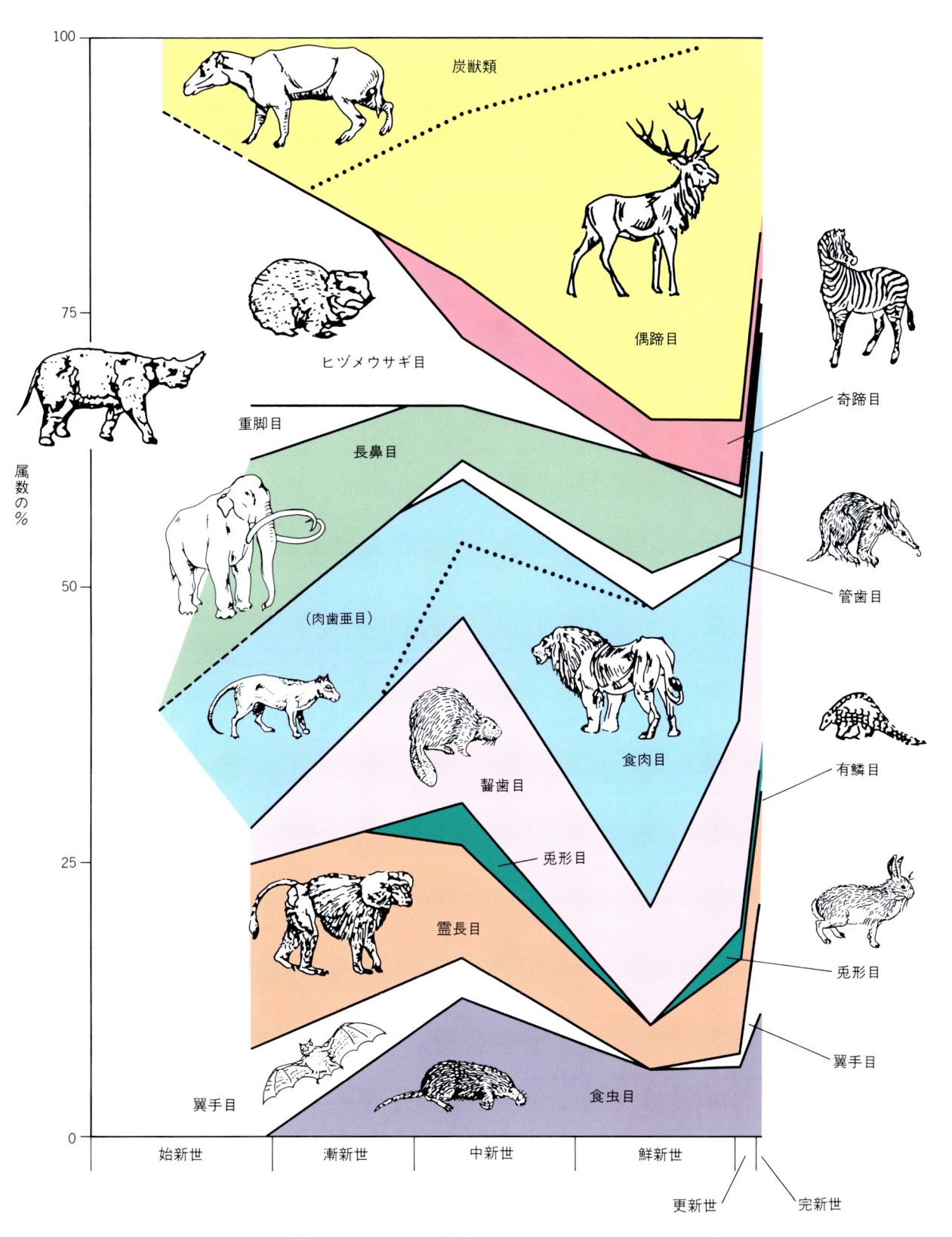

アフリカのほ乳類各目の属数の比率（始新世より現在まで）（Cooke, 1972 による）

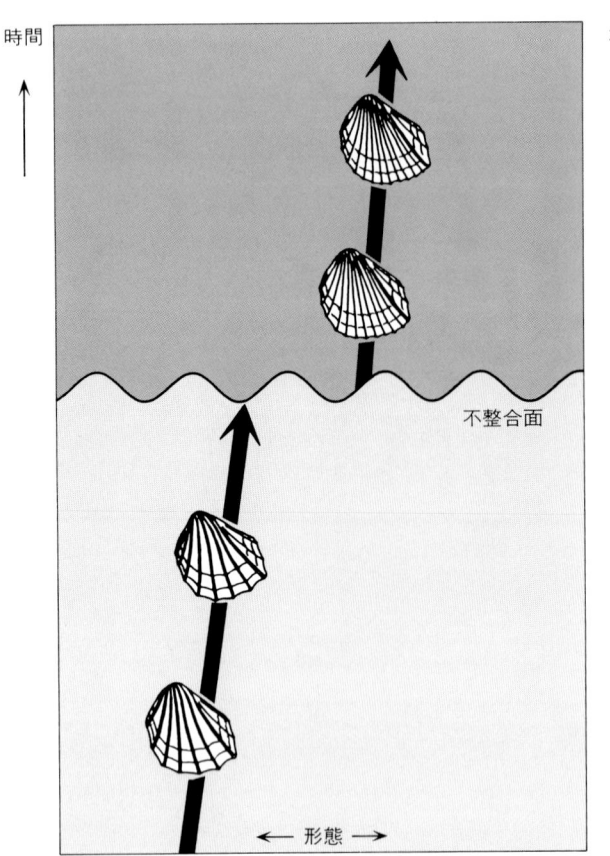

地層の欠如による形態の見かけのギャップ
　形態は連続的に変わるが，化石記録の欠如によって形態変化が飛躍するように見える．

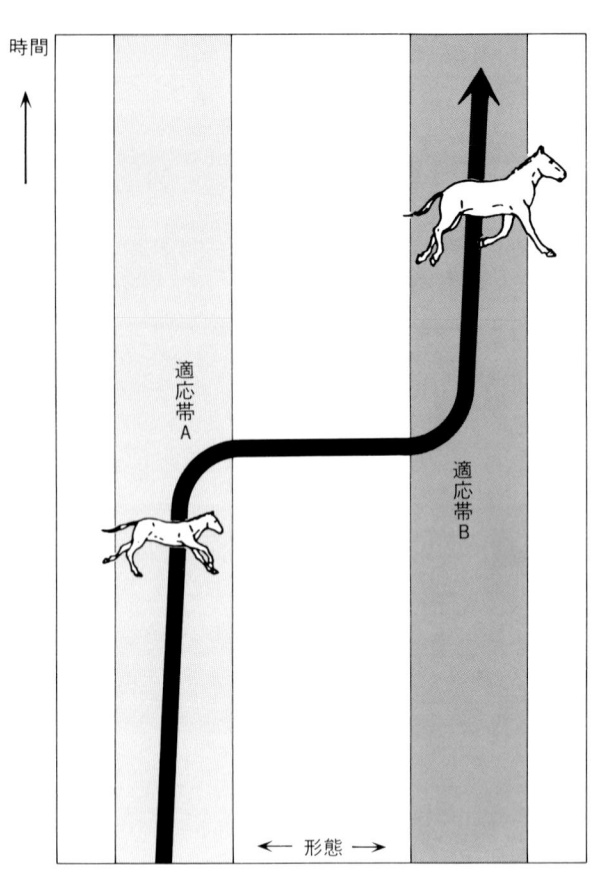

適応体の突破時に起こる形態の急速な変化
　生物の生息できる適応帯は不連続で，これを突破するときに急速に形態変化する．

形態変化のパターン——漸進説と断続説

　遺伝学者によれば，生物の進化は「集団の遺伝子頻度の累積的変化」であるといわれる．確かに私達が直接観察ができる現生生物の小進化については，この定義があてはまるだろう．これを拡大解釈すると，古生物の形態も漸進的に変化していることになる．多くの古生物研究者は，化石記録の中に漸進的な形態変化を見出そうと努力してきた．しかし，予想に反して，生物のグループの間の中間型が見つかることはむしろ少なく，大小さまざまのレベルのいわゆるミッシングリンクがあることが，ますます明らかになるばかりであった．多くの研究者は，このような形態変化のギャップは化石記録の欠如に原因があると考えてきた．

　1972年になって，アメリカのEldredgeとGouldは，形態変化の飛躍は従来考えられてきたよりも本質的なもので，種が分化するときに起こる急速な（長大な地質時間から見ると瞬間的な）形態変化が，主な原因であると考えた．この学説は，ずっと以前にMayrが発表した，種の分化が主として小さな集団の地理的隔離がもとになって生ずること，小集団の隔離は急速な遺伝的性質の変化を伴いやすい，という有力な理論を背景としている．つまり，生物の形態はふだんはほとんど変化しないが，種分化のとき

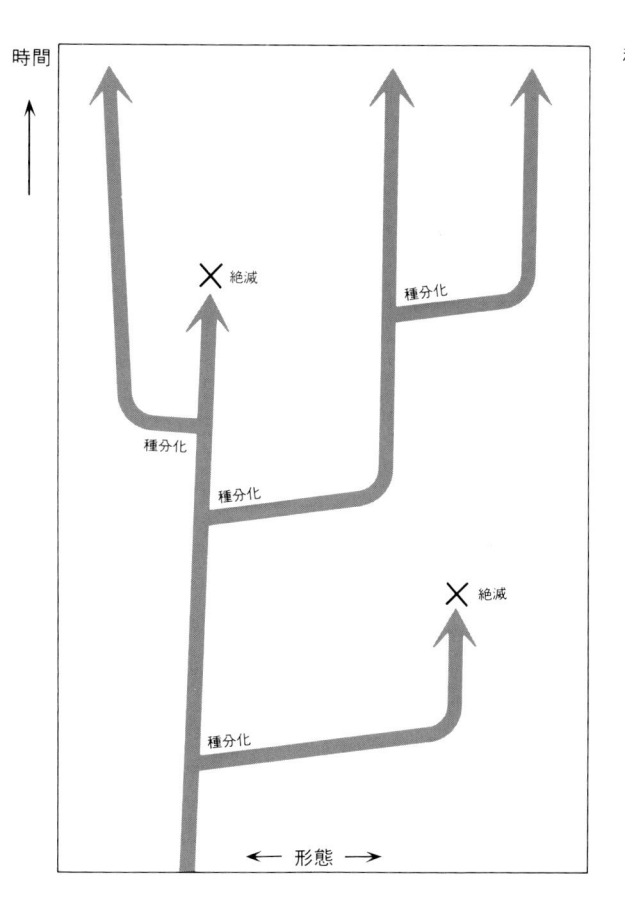

種分化のときに起こる形態の急速な変化
　形態は常時は安定で，異所性種分化のときに大きく変化する．

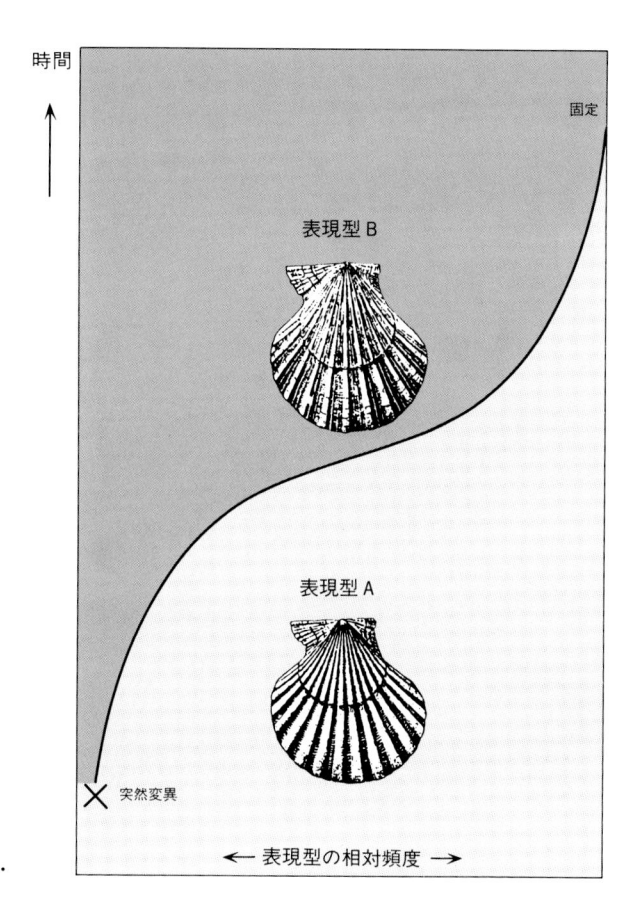

表現型の入れ代わりによる形態のギャップ
　2型の集団を経て，中間型なしにAからBへ進化が起こる．

に大きく変化する――大進化は小進化の単なる積み重ねではないと主張した．この考え方は，その後，Stanleyらの主張する種選択（種を単位とし，自然選択よりも一段高いレベルの選択を考える学説）と結び付き，断続説とか階層理論と呼ばれる大進化に対する新しい学説を構築するようになった．

　断続説の提唱は学界に大きな反響を呼んだ．賛同者も多いが，批判も少なからずあり，この学説をめぐる議論は現在も続いている．断続説と断続論者がわら人形に仕立てて攻撃する漸進説は，ともに極端なモデルであり，事実はその中間にあるとする見解も有力である．また，扱う分類群によっても多少傾向が異なるようで，石灰岩中のフズリナや大洋底コア中の単細胞生物化石は漸移的な形態変化を示すことが多いが，高等動物では少なくとも現象としては断続的な変化を示すケースが多いようである．断続的変化の原因を種分化だけに帰しうるかどうかについても，決着が着いたわけではない．種の分化が起こらなくても，生物の適応帯間の移行や表現型の置換に伴って，形態の急速な変化や飛躍が起こる可能性があることが指摘されている．別項で紹介するように，日本でもこのような形態変化のパターンを考察するうえに重要と思われる研究が，いくつか発表されている（図は形態の断続的変化の原因として考えられる四つのモデルである）

（平野　弘道・森田　利仁）

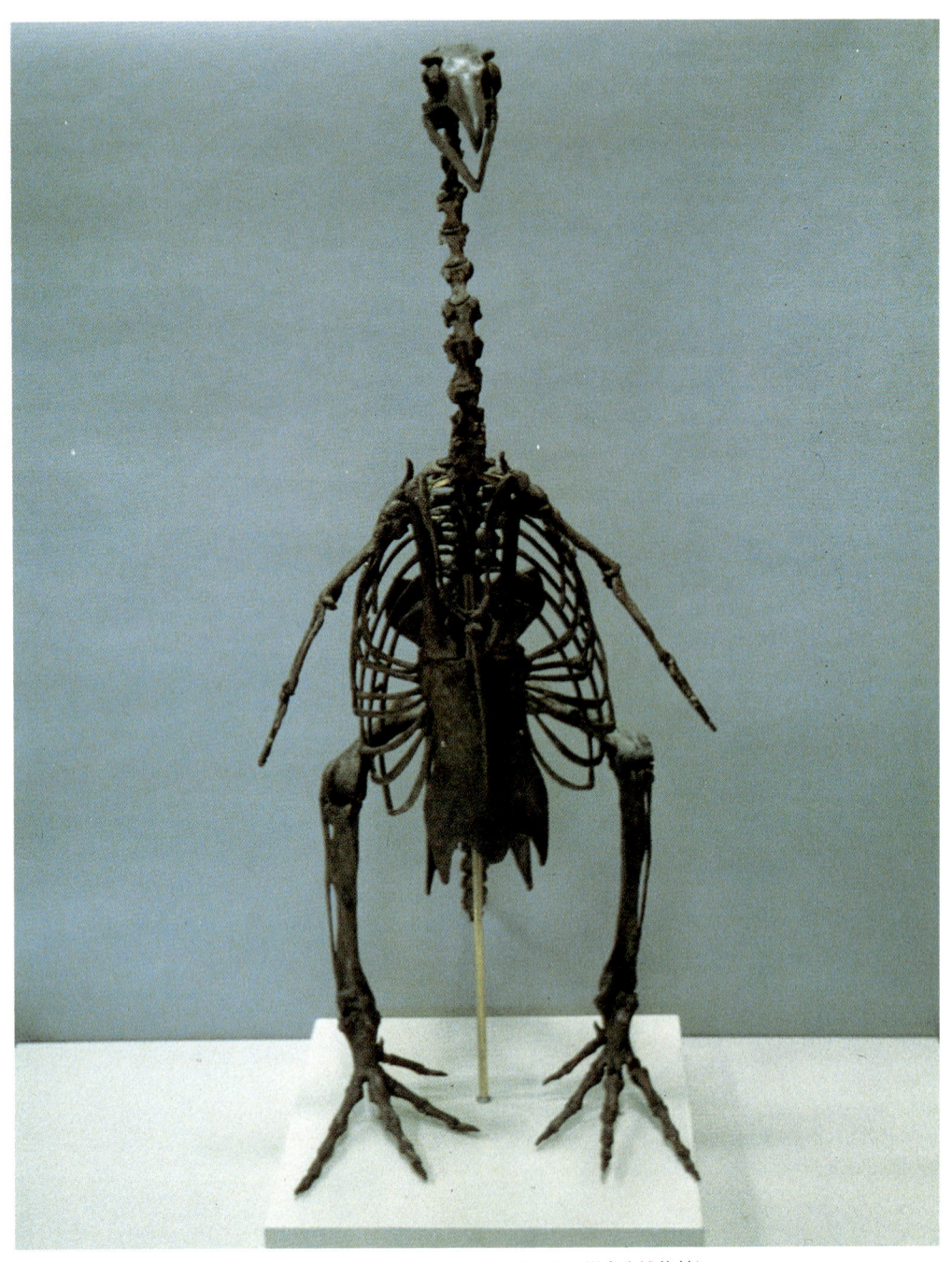

プロトプテルムの復元骨格正面像（北九州市立博物館）

収れん現象とは——ペンギンモドキ鳥，プロトプテルム

　異なる系統に属する生物群の中から，よく似た形態のものが進化してくる現象を収れんという．プロトプテルム属の鳥類はペリカン目に属している．ところが，彼らの外観はペンギンによく似ている．後肢は歩くのと泳ぎやすい形に，前肢は泳ぐのにまったく都合よくできている．普通の鳥はどれも骨は丸いが，プロトプテルム属のものは偏平化している．しかも，本来鳥の骨は強くて軽くするために内部は空洞となっているのに，彼らは水中で浮いてしまわないように，びっしりと骨質が埋めつくし重い骨に

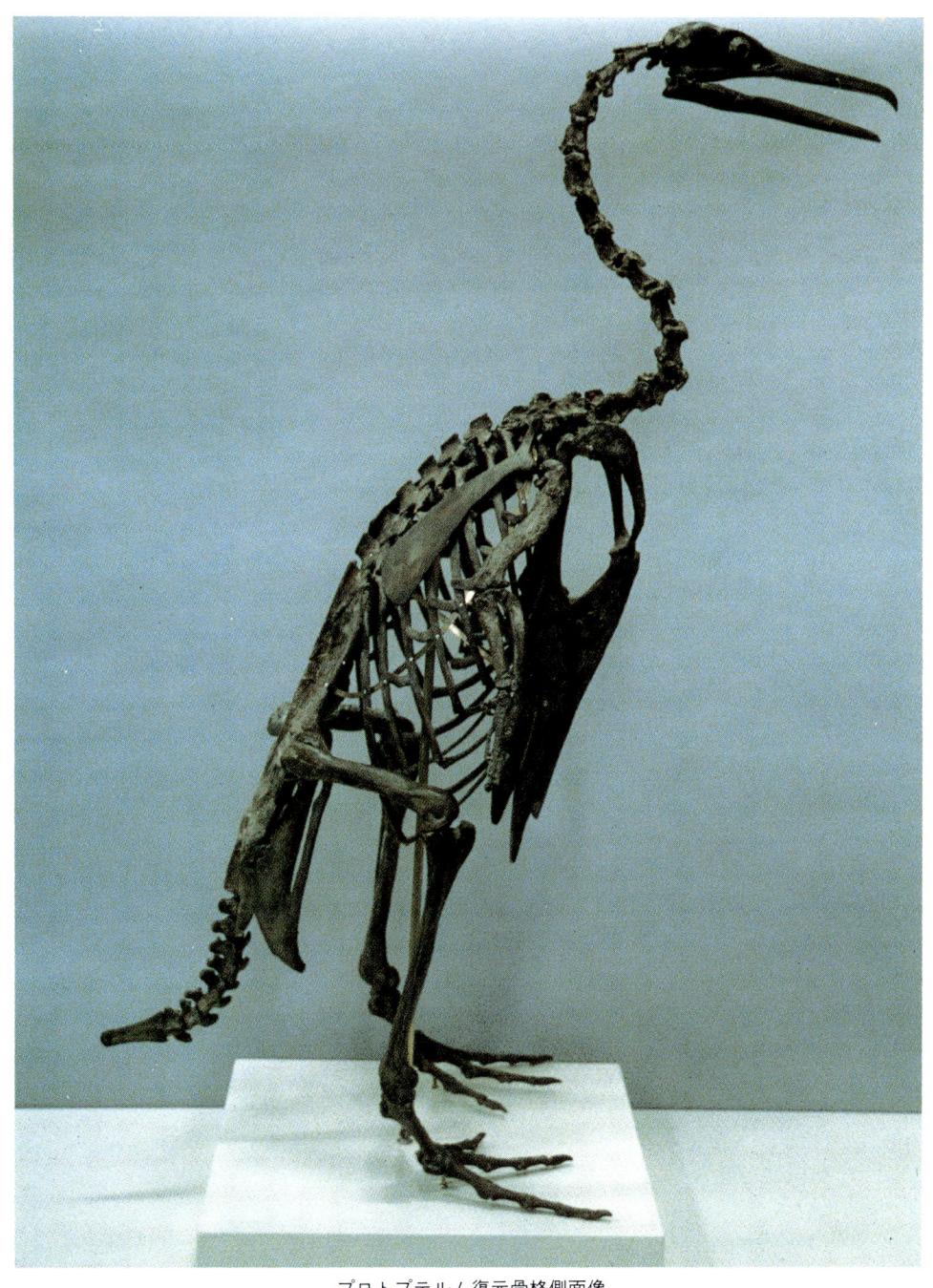

プロトプテルム復元骨格側面像

なっている．ペリカン目のプロトプテルム類がペンギンと同じような生活をしているうちに，体つきがペンギンに似てしまった．すなわち収れんしたということである．

　プロトプテルム類は，北半球の太平洋岸のみに分布していたらしい．時代は漸新世と中新世から発見されている．福島県いわき市から漸新世前期のものが，北九州地方から漸新世後期のものが，岐阜県から中新世中期のものが知られている．最大のものでは，体長が1mをこえるものがあった．生活の場所は島のある場所にかぎられていたらしい．大小数種類が混生していた可能性があり，密集していたことがうかがえる．北アメリカから1属が知られている．

（長谷川　善和）

① ②

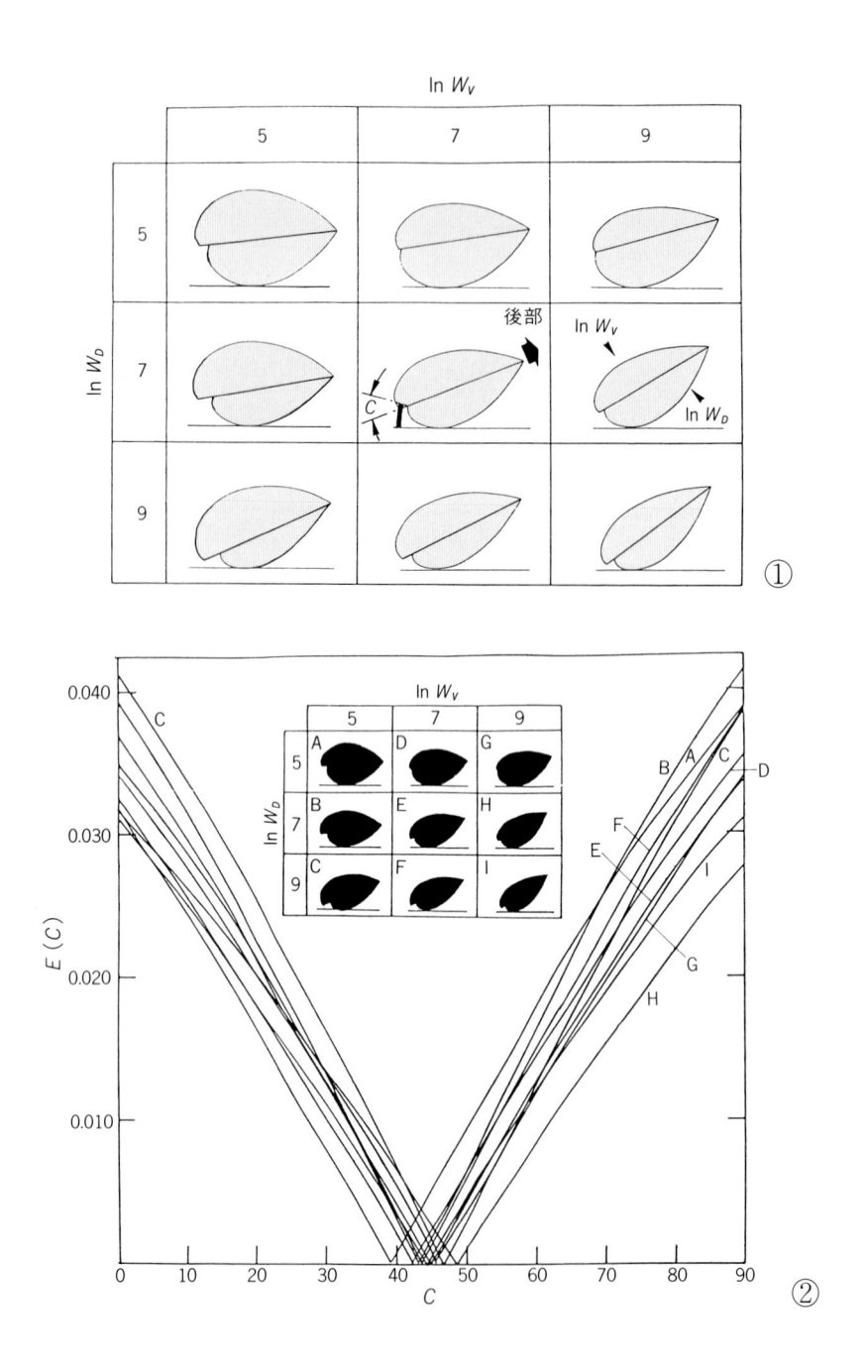

形質連鎖による腕足動物の適応戦略

　生物は，環境に対してより適応的な個体が淘汰によって残る．ところで適応は，生物体を構成する部分間（手と足など）のバランスを維持しつつ実現されなければならない．そこで適応の考察には，個体内の形質連鎖を考慮してやる必要がある．

　ここでは腕足動物の二つの形質の連鎖について考えよう．彼らは背腹2枚の殻をもち，後方の穴から肉茎を出して底質に固着して生活する．そこで2枚の殻の膨らみと穴の角度（C）との連鎖について，適応を考えてみる（①）．

2枚の殻の膨らみの組合せが決まれば，殻全体の重心が決まるから，①に示される生息姿勢が得られ，問題は姿勢と C の連鎖に置き換えられる．これらの姿勢から，水流の抵抗を考慮して，水の抵抗が少ないほど高得点になるよう，姿勢と C の組合せについて得点を与えることにする（②）．これより $0 \leq C_1 < 43$ で適応的な姿勢は $\mathbf{C}$，$43 \leq C_2 < 44$ で $\mathbf{H}$，$44 \leq C_3 < 90$ で $\mathbf{B}$ であることがわかる．ここで C_1 について考えよう．まず $C_i(\in C_1)$ を採用する個体からなる集団を考える．各個体は C_i にとって最適な姿勢 $\mathbf{C}$ を採用している．突然変異により，$C_j(\in C_1, C_j < C_i)$ が発生すると，各個体は C_i より高い得点を与える C_j（②）と $\mathbf{C}$ の組合せをとるようになるだろう．これは C_j が自らにとって適応的な $\mathbf{C}$ との組合せをつくる機会があったからと考えられる．このようにして上記三つの領域では $C_1 = 0$，$C_2 = 43$，$C_3 = 90$ が淘汰によって残るが，全領域をひとまとめにするとどのようなことが起こるだろうか？ C_3 を採用する個体からなる集団は $\mathbf{B}$ を採用しているから，そこに C_1 が発生しても C_1 にとって最適な $\mathbf{C}$ と組合せをつくれない．つまり，C という戦略間で，適応的なパートナー（殻の姿勢）を集団中に見出せるか否かが鍵となり，一種のゲームが演じられる．

C_i を採用する個体からなる集団は，強い淘汰を受ければ最適姿勢をとる個体の頻度が高くなる．そこでこの頻度 P を淘汰の関数として，最終的に集団に広がる戦略 C を考えよう．淘汰が強い場合（$P=0.8$）では，突然変異戦略 C_j をとる個体が，C_i をとる個体の集団に発生して得る得点 $E(C_j, C_i)$ は③のように書ける．Bishop と Cannings の定理により，$E(C_1, C_1) > E(C_2, C_1)$，$E(C_3, C_1)$ から，C_1 集団に C_2，C_3 は広がりえないことがわかる（C_1 は安定）．同様に C_3 戦略も安定である．さらに多型を含む他の戦略は安定とはなりえない．つまりこのゲームでは C_1 のみの集団と C_3 のみの集団だけが，進化的に安定である．淘汰を弱くして P を小さくすると，$E(C_1, C_3) > E(C_3, C_3)$ となり C_3 集団には C_1 が広がっていき，この場合も C_1 集団は安定であるから，C_1 のみ安定となる．

実際，*Laqueus* というグループについて調べてみると，種の構成員すべてが C_1，$\mathbf{C}$ を採用するものと，C_3，$\mathbf{B}$ を採用するものとに分けられる（④）から，このような適応戦略で進化を説明することが可能となる．また多型戦略が安定でないことから，両者は2型の個体群が分化して形成されたのではなく，それぞれ別個に進化したものと考えられる．

（郡司　幸夫）

$E(C_j, C_i)$	集団		
突然変異型	C_1	C_2	C_3
C_1	400.32	320.98	384.80
C_2	35.80	37.20	6.07
C_3	378.92	292.00	405.70

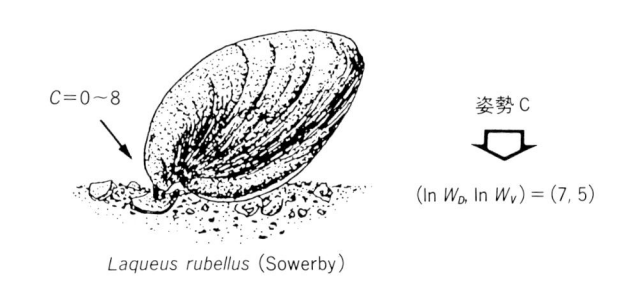

③

$C = 0 \sim 8$

姿勢 C

$(\ln W_D, \ln W_V) = (7, 5)$

Laqueus rubellus (Sowerby)

$C = 80 \sim 90$

姿勢 B

$(\ln W_D, \ln W_V) = (9, 5)$

Laqueus quadratus Yabe and Hatai　④

サンゴを取り除いた状態（×1.35）

サンゴを半分取り除いた状態（×1.05）

サンゴと巻貝の共生している状態（×1.05）

床板サンゴと巻貝の共生

　古生物どうしの間の生態的関係を知ることは，特別の場合を除いて，きわめて難しい．地層中に保存されている化石は，長い時間の間に形成されたもので，それぞれの化石が同時に生きていたことを証明するのは困難だからである．それでも長い古生物研究史の間には，数多くの古生物間の生態的関係が明らかにされてきた．

　ここに示したものは，シルル系横倉山層から産出した床板サンゴ（*Favosites* sp.）と巻貝（*Semitubina sakoi*）の共生関係を暗示する標本である．これらの化石は厚さ約15cmの泥岩中に自生的な産状で多産し，すべてのサンゴのコロニーは巻貝の殻を被覆している．サンゴのコロニーは球状で，コラライト（サ

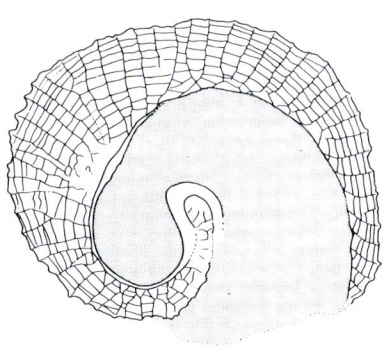

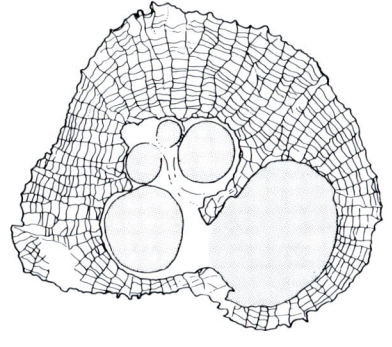

サンゴの断面（×2.5）
上：巻貝の殻軸に直交する断面，下：巻貝の殻軸に平行な断面．サンゴの生長を見ると，巻貝と同時に生きていたことがわかる．

ンゴの各個体をいう）が放射状に生長して形成されたものである．一方，巻貝は古生代にしばしば見られる生長の後期にら管のほどけたタイプ（uncoiling）のものである．コロニーの断面を見ると，巻貝の死後に殻を被覆したのではなく，巻貝の生長に伴ってコロニーが形成されたことがわかる．サンゴは巻貝の殻上に着床することで泥底での生活が可能となり，また巻貝は殻がコラライトで厚くおおわれるために，外敵から身を守ることが可能となった．両者の関係は，共生（symbiosis）と考えられる．

さらに，このようなサンゴと巻貝の共生関係から，uncoiling の巻貝の生活様式の一端を推定することが可能となった．この種の巻貝の多くは，その特殊な殻の形態が海底をはうことに適さず，移動することのない沪過食者と考えられてきた．しかし，サンゴとの共生関係から，少なくとも *Semitubina sakoi* に関しては自由生活者（free living）と考えられる．

（加瀬　友喜・左向　幸雄）

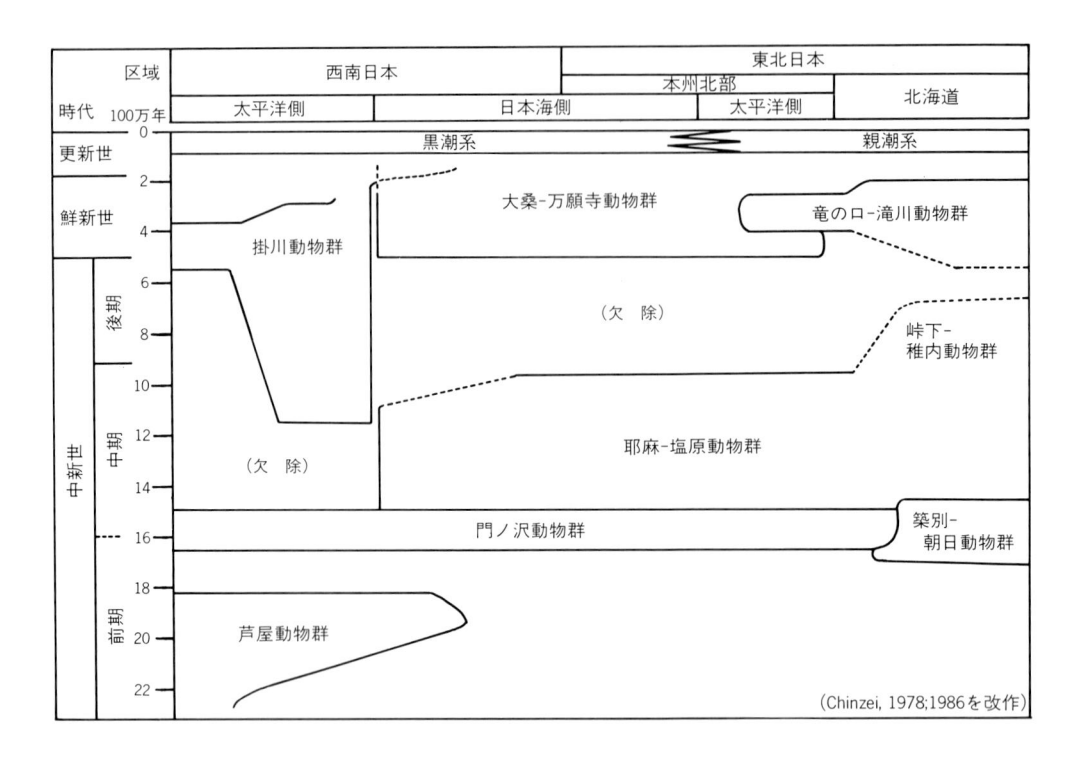

区域		西南日本		東北日本	
				本州北部	北海道
時代	100万年	太平洋側	日本海側	太平洋側	

(図中の記載)
- 更新世
- 鮮新世
- 中新世（後期・中期・前期）
- 黒潮系 — 親潮系
- 掛川動物群
- 大桑-万願寺動物群
- 竜の口-滝川動物群
- （欠除）
- 峠下-稚内動物群
- 耶麻-塩原動物群
- 門ノ沢動物群
- 築別-朝日動物群
- 芦屋動物群

(Chinzei, 1978;1986を改作)

日本の新生代貝類化石群と海の古生物地理

　貝類は，化石に残りやすい石灰質の殻をもち，その生息場が堆積物のたまる場所であることが多いため，豊富な貝類化石を産出する地層が日本各地の新生代の浅海堆積物中に見られる．古くから多くの分類学的研究が進められ，日本の新生代には約4000の種が知られている．上図に示したように，新第三紀の各時期には，いくつかの名称で呼ばれる貝類化石群が知られている．新第三紀の日本近海は，常に暖流と寒流が会合する地理的位置を占めていて，その二つの水系にすんでいた貝類群が南北に対立して分布している．

　中新世の，おおよそ1700〜1500万年前の時代は，門ノ沢動物群の繁栄した時代で，日本列島の大部分は熱帯-亜熱帯の状況下にあり，マングローブ林に付随する貝類が生息していた．この時期，暖流系と寒流系の貝類群の分布の境界は，北海道中部にまで北上していた．そして東北日本は，海底の起伏に富む多島海であったと考えられている．

　また，鮮新世から更新世初期の，500〜100万年前の時代には，日本海と太平洋の貝類分布を基本的に制限分離する今日的な姿の日本列島が形成されたと考えられる．この時期には，このような古地理を反映して，掛川・大桑-万願寺・竜の口の三つの性格の異なる動物群が対立する時代であった（右図）．大桑-万願寺動物群は，日本海側に初めて現れた特徴的な貝類群で，現在の日本海北部や北海道周辺に生息する貝類群のはしりとなっている．

　一般に貝類は，発生初期に浮遊生活をするベリジャー幼生期を経過し，海流に依存して移動し，好条件の場所に着底・変態することでその生活圏を広げている．ここに示した貝類群の区分は，それぞれの海域に固有の特徴的種群の連続性をもとに，それらの時空分布を合理的に説明するために提案されたもので，第一に海流（水塊）の性質，次に種の分散を阻害する諸条件（陸・島や生態学的な側面）を考慮している．しかし，地質時間の精度（分解能）は約100万年を単位としており，より短い周期の貝類群の変化を論ずるには至っていない．

（小笠原　憲四郎）

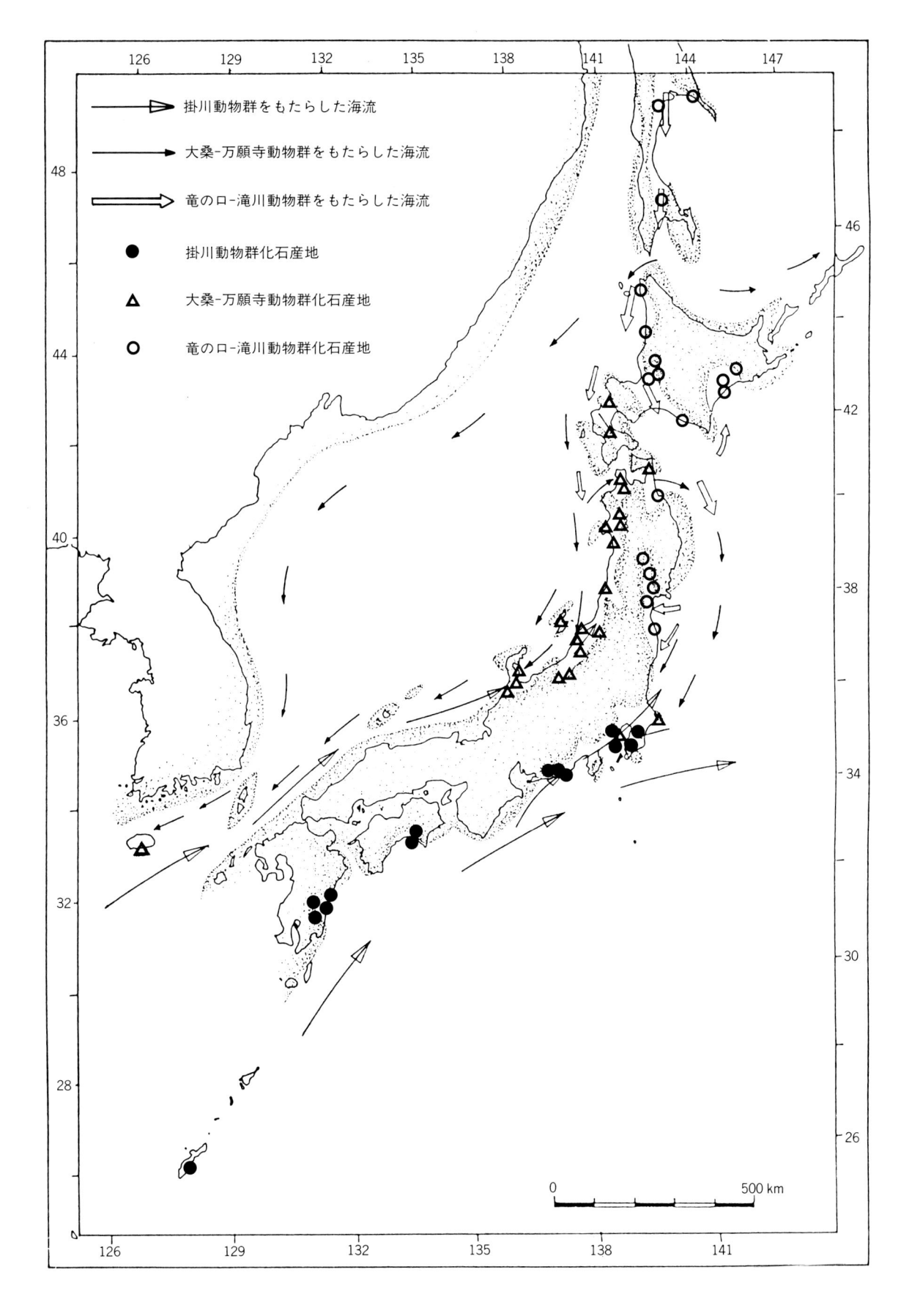

	掛川動物群をもたらした海流
→	大桑-万願寺動物群をもたらした海流
⇒	竜の口-滝川動物群をもたらした海流
●	掛川動物群化石産地
△	大桑-万願寺動物群化石産地
○	竜の口-滝川動物群化石産地

79

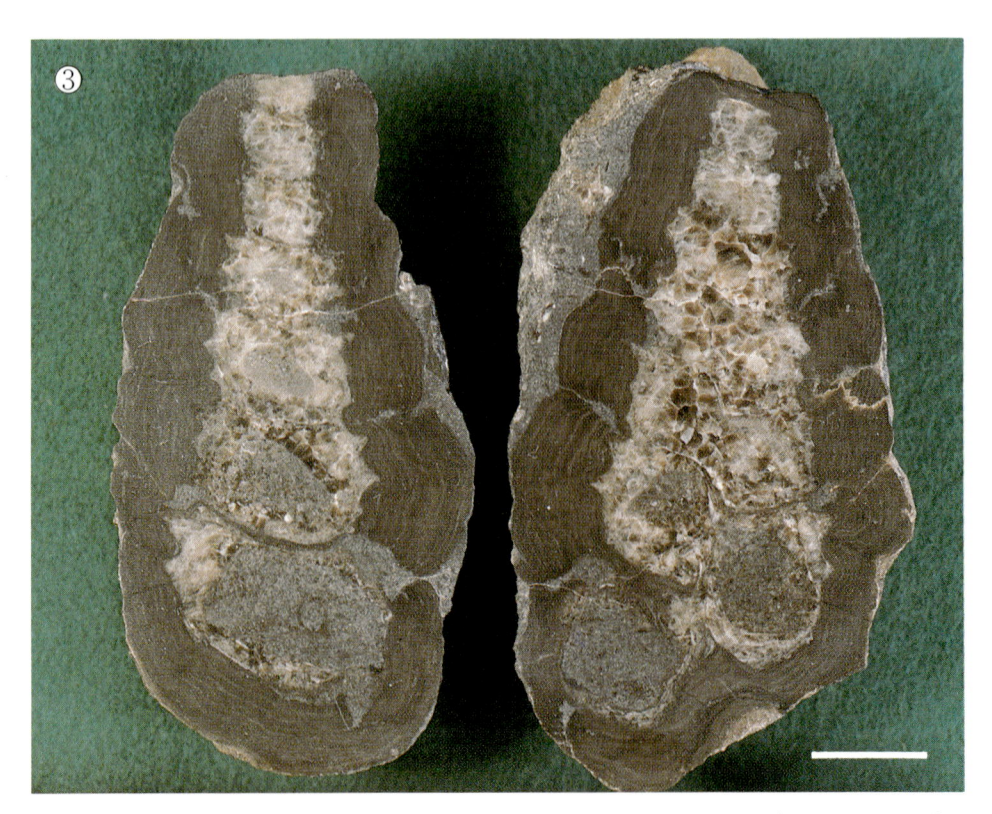

(スケールは1 cm)

80

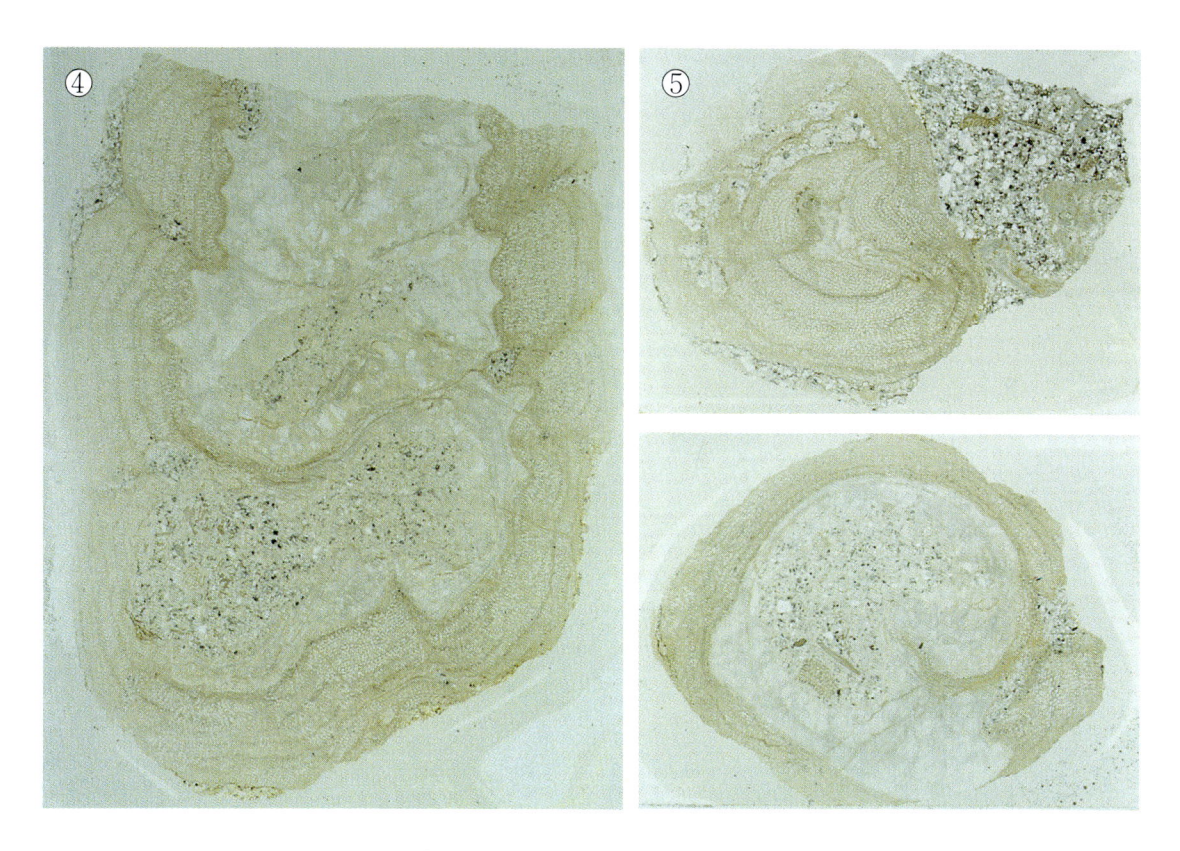

コケムシとヤドカリの共生

　コケムシは，海岸の岩場や貝殻の表面などのような硬い物に張り着いているものが多いが，中にはコンブのような軟らかいものにも付着したり，ときには枝状あるいはかなり大きな塊状をなすこともある群体性の動物である．コケムシ類はカンブリア紀から出現したが古生代に栄えたものは二畳紀末にほとんどが死滅し，中生代の三畳紀には世界中でわずか50種ほどが知られているだけである．現生のものは，中生代後期に出現した唇口類が大勢を占めている．サンゴ類とともにときには巨大な群体群集をなし，礁（reef）の形成者として重要である．

　ここに示すものは，九州天草下島の福連木層（第三紀始新世）下部の黒灰色砂岩中に含まれる巻貝（キリガイダマシ類，*Turritella okadai*）の周りを何層にもおおっているコケムシ類（唇口類アミメコケムシ類，Membraniporidae科）である．外形は長楕円形で，大きいものでは長径10cmほどもあり，中には巻貝の形をとどめているものもある（①，②）．長軸方向に裁ってみると，③のようになっており，さらにそれを薄片（プレパラート）にしてみると，④，⑤のように巻貝にコケムシが数十層にも重なって，その重なりが1cm以上にもなっていることがわかる．コケムシ類の中には，このようにある物を核にして，何層にもおおうようにして群体をつくる種類が知られており，これを多層性群体と呼んでいる．

　たくさんの標本について調べてみると，ほとんどのものは巻貝をすっぽりとコケムシがおおっているが，中には巻貝の口の部分だけはコケムシにおおわれずに開いているものもある．前者は，巻貝が死んでしまったあと海底にころがっていた殻にコケムシが巻き付いたものであるが，後者の場合は，巻貝の殻にヤドカリが入って移動している間にコケムシが付着し共生したものであろう．

　現生のヤドカリの殻にもよくコケムシが共生していることがあるが，ときにはこの化石のように多層性群体をなしているものが見つかる．

（坂上　澄夫）

ワラス線とプレートテクトニクス

進化論の共同発表者としても有名なAlfred Wallaceは，1860年に，東洋区とオーストラリア区という二つの大動物地理区を区別する明らかな動物分布の境界線が，ロンボク海峡（バリ-ロンボク島間）からマカッサル海峡（ボルネオ-セレベス間）を通っていると説いた．この境界線はワラス線（ウォレス線）と呼ばれて広く知られるようになったが，別の動物学者はこれとは異なった海峡により重要な境界線があるとした．近年では，二つの動物地理区はある幅をもつ漸移地帯を介して接し，ワラス線はその地帯の西縁を表していると考える人も多くなっていた．

1960年代以後のプレートテクトニクスの発展に伴って，オーストラリア大陸は中生代にははるか南方にあり，第三紀初頭に南極大陸から分裂してインドプレートに乗って北上し，ユーラシア大陸の東南縁に接近・衝突したことが確実になってきた．つまり，元来は広大な大洋（テチス海）によって数千kmも隔てられ，まったく異なった陸上動物相をもつ二つの大陸が接近・衝突することにより，多少の移住・混合が起こり，現在見るような動物分布の漸移地帯ができたと考えることができる．

プレートテクトニクスの発展により，ワラス線は地史学上も大きな意味をもつ境界線として，生物科学・地球科学にまたがる学際的な研究対象となって浮かび上がってきた．本来のワラス線（二つの大陸の接合線）はどこにあるのだろうか？　それは現在のプレートの沈み込みの位置とどのように関連しているのだろうか？　化石の記録（特に中生代の陸上および浅海生物の化石）は，プレートテクトニクスから復元される古大陸・古海洋の分布とどれくらい調和するだろうか？　ワラス線をめぐる地域の地質と古生物は，生物地理研究のモデルケースとして，興味深い課題を提供している．　　　　（速水　格）

ワラス線をめぐる地域でのジュラ紀二枚貝群の分布は，広大なテチス海の北側と南側に非常に性格の異なった海生動物群が栄えていたことを示す．この分布パターンは，プレートテクトニクスの立場から推定されている古大陸の分布とよく一致しているように見える（古地理復元はAudley-Charlesによる）．

ジュラ紀の海洋二枚貝群

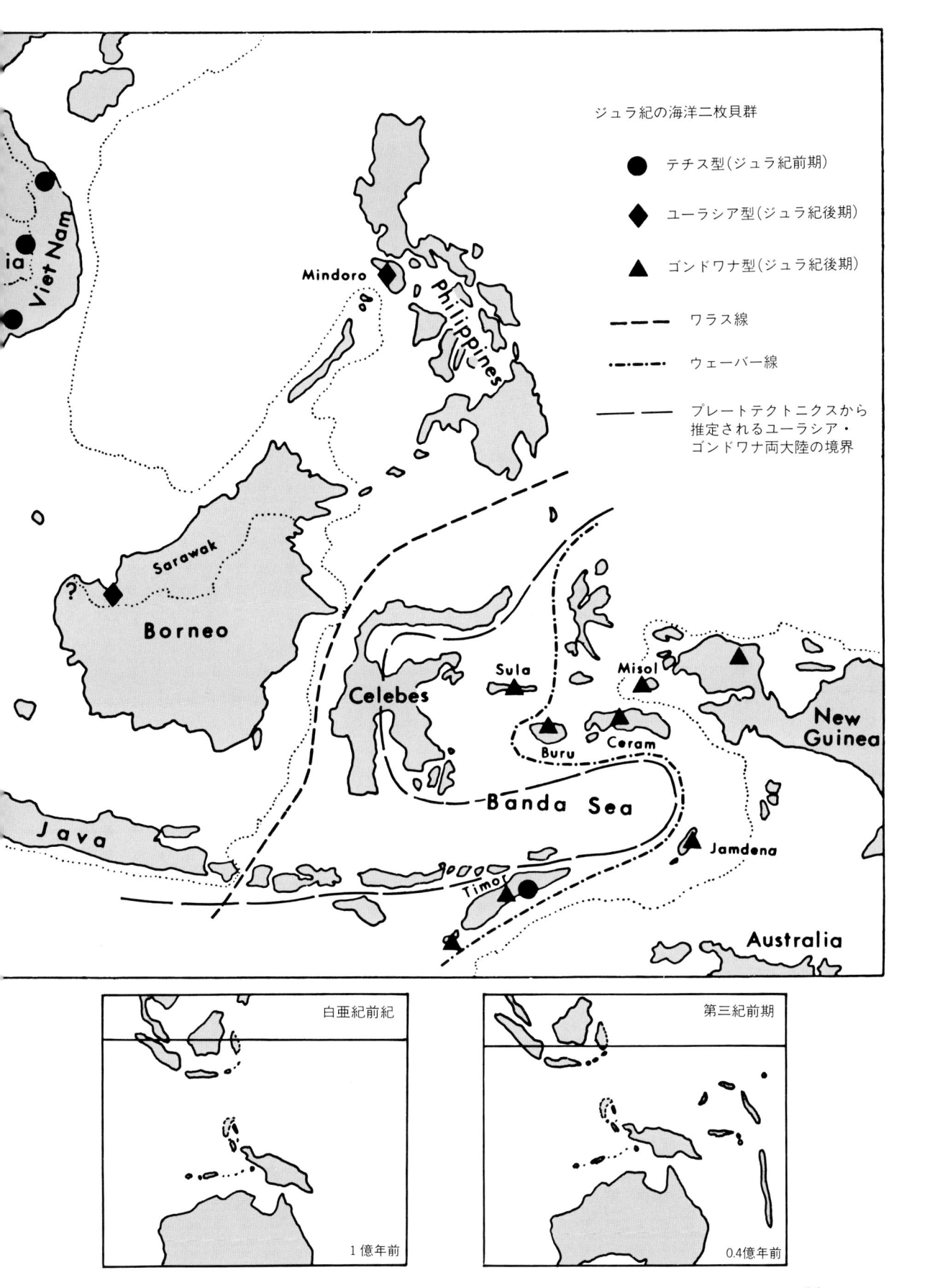

● テチス型（ジュラ紀前期）

◆ ユーラシア型（ジュラ紀後期）

▲ ゴンドワナ型（ジュラ紀後期）

--- ワラス線

-·-·- ウェーバー線

— プレートテクトニクスから推定されるユーラシア・ゴンドワナ両大陸の境界

白亜紀前紀　1億年前

第三紀前期　0.4億年前

3 化石の応用

珪藻化石 *Arachnoidiscus* sp.
時代：新生代新第三紀中新世（約1500万年前）
産地：富山県婦負郡八尾町（×1430）

化石の応用

　化石に関する学問は，初めは地中から発掘されたものをどのように解釈するかという点で，宗教的論議の対象となり，やがては純粋に理学の一つとして発展してきた．たとえば，古生物をもとに，生物の進化や絶滅をどう解釈するか，古生物から地球の歴史や日本列島の生い立ちをどのように復元するのか，古生物からその社会や昔の環境をどのように復元するか，などということが大きな課題となってきた．

　では私たちの日常生活にとって化石はどんな意味をもつのであろうか．化石は，化石燃料という言葉でいみじくも表現されるように，化石生物自体が石油・天然ガス・石炭などの起源と密接な関係にある．さらに，人間生活に役立つ資源を探すための，地質構造の解釈にも化石が使われている．

　このようにして化石は，人類を含む生物の進化の道筋，そして過去から現代にわたる気候や海洋の状況を明らかにしてきた．そればかりか，地球と生物の未来を予測する基盤をなし，資源としてわれわれの生活を支えているのである．

　　　　　　　　　　　　　　　　　　　　　　　（小畠　郁生）

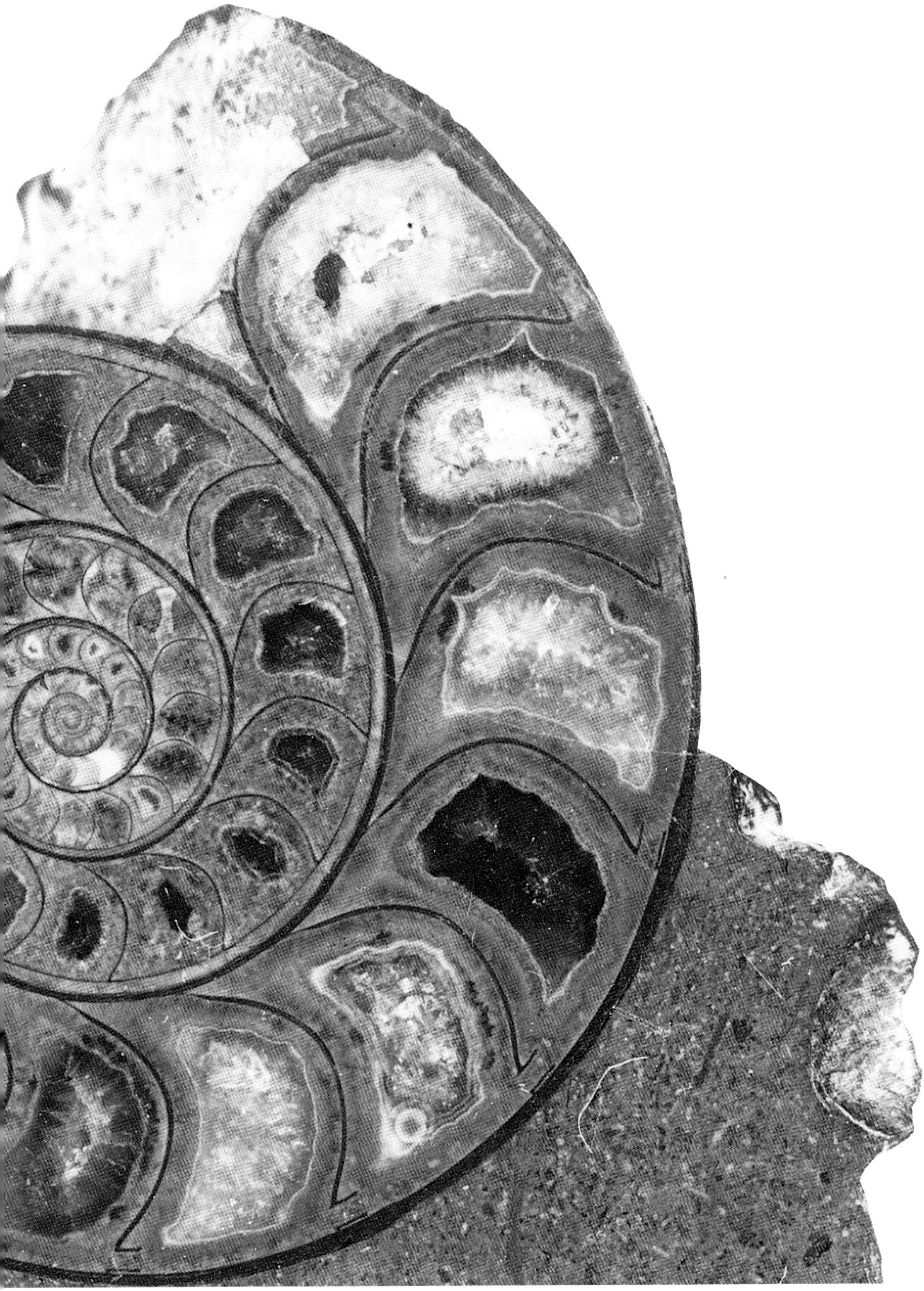

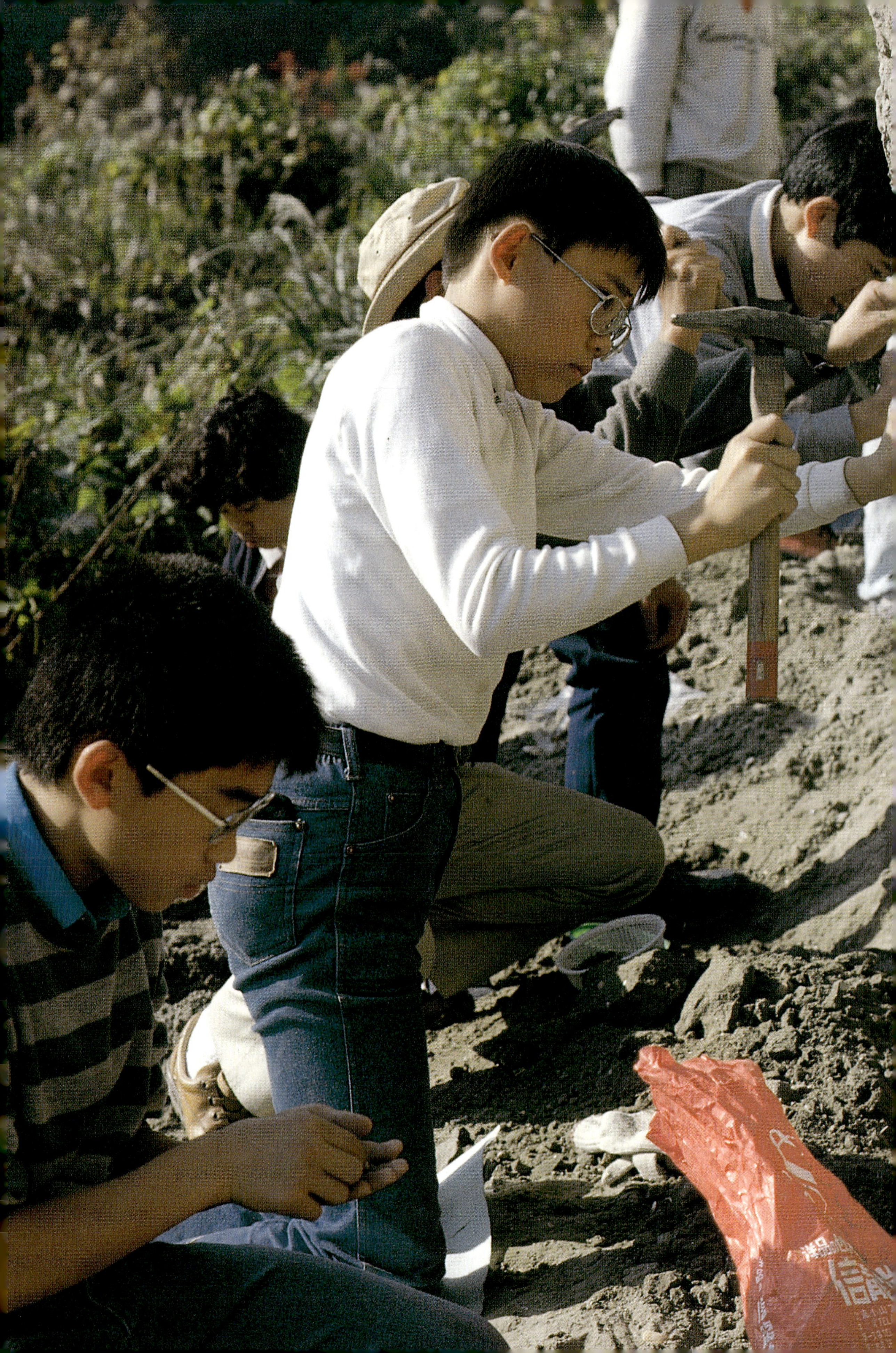

古生物学は私達の思想に潤いを与える

　少年達が野外で自然に触れ，目的の化石を発見し採集しようとするときの目の輝き——発見の喜びを体験し，少年なりの創造と探求という自発的な"研究"を行うことは，彼らの精神形成のうえできわめて大切なことではないだろうか．健全な自然観は，こういう体験に基づいてこそ培われていくものであろう．また市民の間で爆発的人気の恐竜展や化石展によって，日本にいながらにして外国の優れた化石を見る機会にも恵まれている．

　古生物学は，化石という素材のもたらす情報により，かつてはキリスト教神学と密接な関係にあったが，今日では進化論の最も重要な基盤をなしている．そして，進化論はいつも社会の思潮と呼応し，私達の人生観や世界観と関連してくる．人間はこうして，化石が語る過去をガイドとし，現在を位置づけ未来を探ることをしてきた．

　一方，化石のもつ造形美は人の心を魅了し，化石の示す絶滅生物は私達の想像力をさまざまにかきたてる．化石は悠久の時間と空間を象徴し，ときおり文学や芸術の素材としても使われ，私達を楽しませてくれる．そして何よりも化石は，私達人間という存在の意味を深く考えさせる一つの源泉であった．それを主な対象とする古生物学は，私達の思想に潤いを与えてきたのである．ところで，古生物学は，過去の生物を扱うという意味では現在の生物学，人類学と，そして堆積岩に含まれる化石を扱うという意味では地質学と深い関係にある．また物理学や化学とも影響しあっている．

　具体的な例をあげると，まず，深海を掘って得られた堆積物中の微化石の組成を決めることによって，海洋底の相対的な年代を求めることができる．これによって海底は，中央海嶺の軸から離れるにつれて古くなることが確認されてきた．つまり時を経るにつれて海底が拡大したとする，地球物理学上の説を証明する資料となったのである．

　また，サンゴ類など海にすむ動物の成長量の計算から，過去における1年の日数を見積もることができる．大昔のサンゴ化石を実例にとって調べてみると，白亜紀の中頃には1年が375日であったと推定され，現在よりは約3%大きい自転速度が考えられる．ジュラ紀には約380日，石炭紀には約393日，シルル紀には約403日，カンブリア紀には約420日と，地質時代をさかのぼるにつれて地球の自転速度が速かったことが検証された．

　このように，化石こそは，生物の進化についてばかりか，地球の歴史についても，過去を支配しまた未来をも支配するであろう物理現象解明の手がかりをも示すものであるといえよう．

（小畠　郁生）

（写真提供：加瀬友喜氏）

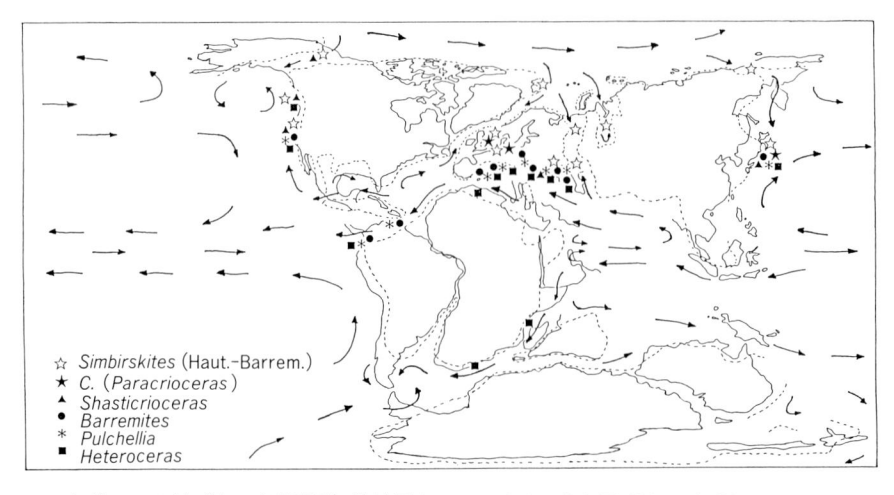

バレミアン（1億2000万年前）の大陸配置・海流図とアンモナイト分布図（Obata と Matsukawa，1987 より）

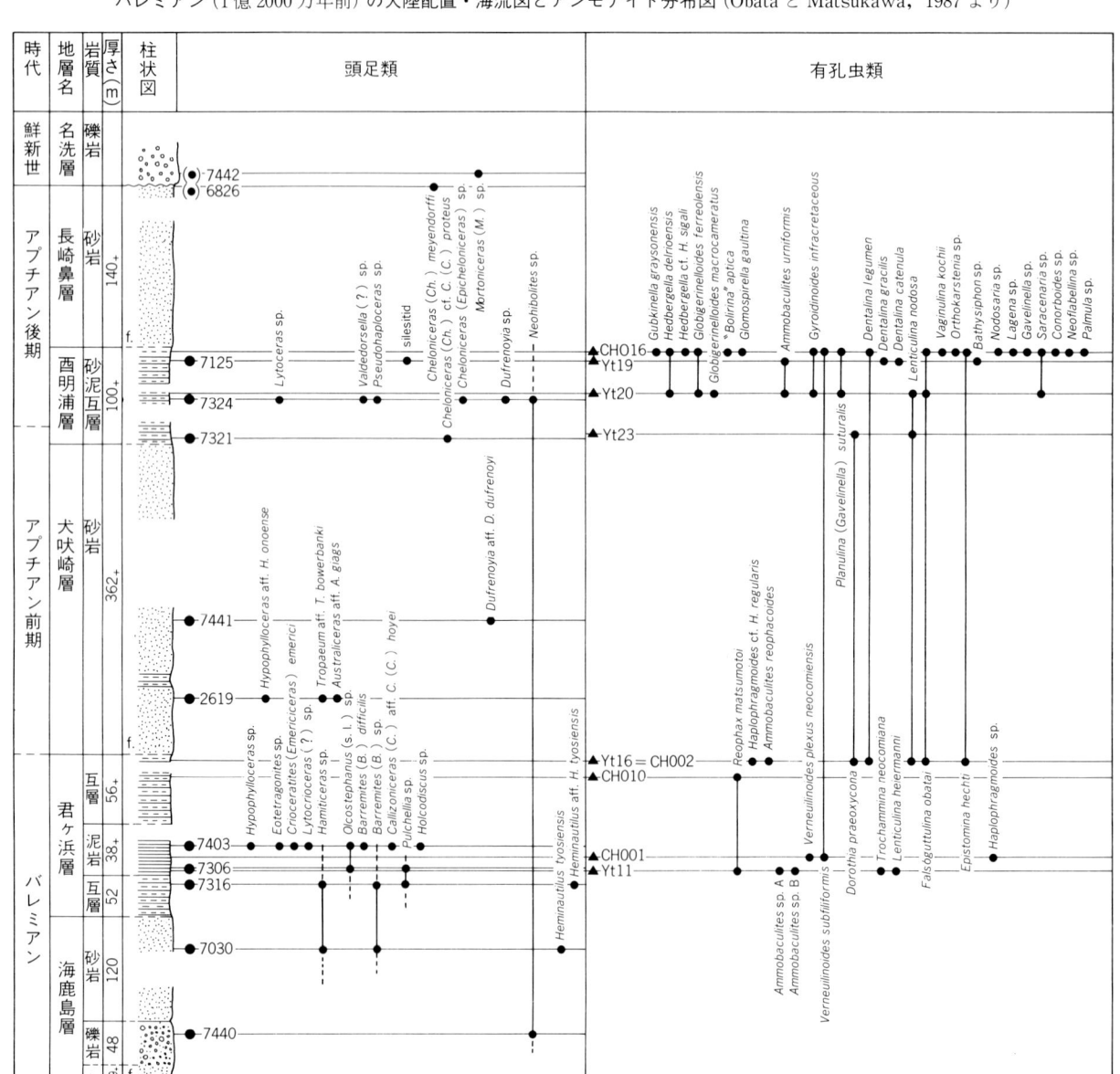

千葉県銚子の白亜系に見られる大型化石の頭足類と微化石の有孔虫類（Obata ら，1982 より）

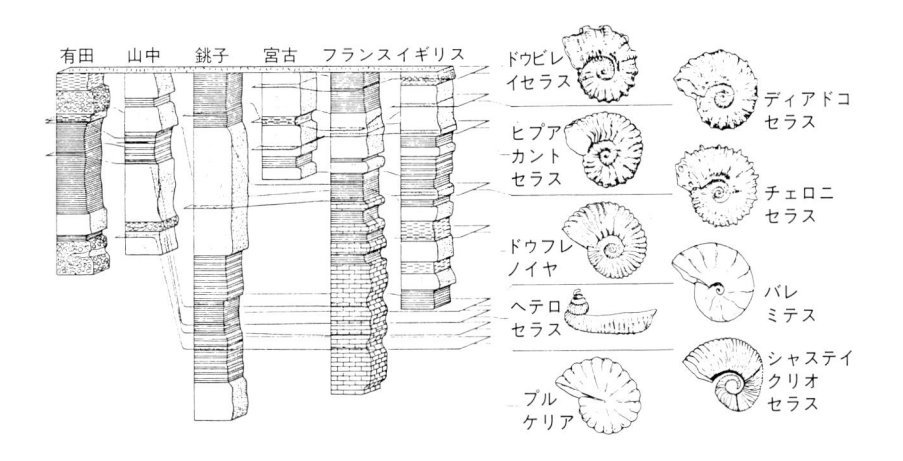

離れた場所の化石で地層をつなぐ（斎藤，1984 より）

示準化石（標準化石）

　地理的に広い地域にわたって，ある特定の地質時代を示す化石のことをいう．層準を示すという意味からその名が由来した．化石となった生物が生きているときに，わりと短期間に広く分布することができる生活型をもっていて，生存期間が短く，しかも環境条件には支配されにくい種類ほど示準化石に適している．たとえば浮遊性有孔虫やアンモナイトは海流により広く運ばれ，大型ほ乳類は移動力が大きい．また同一種類の産出個体数が多いことも条件の一つである．

　示準化石として有名なものには，古生代の三葉虫・筆石・腕足貝・放散虫・サンゴ・フズリナ・コノドント・頭足類，中生代のアンモナイト・放散虫・有孔虫・ココリス，新生代のほ乳類・放散虫・有孔虫・ココリス・珪藻などがある．

　さて，地層と化石に関しては，重要な二つの法則がある．その一つは，「一般に，重なっている地層では，一番下位にある地層が最も古く，上位になるほど新しい」というものである．これは地層累重の法則と呼ばれ，デンマークのステノ（1638-1687）という学者により確立された．

　もう一つの法則は，イギリスの測量技師ウィリアム・スミス（1769-1839）が唱えた「化石による地層同定の法則」である．すなわち，異なった地域での化石の種類の産出順序は，化石を含む地層の岩相（岩の特徴）が違っていても同一の産出順序を示す．こうして，離れた地域に分布する異なった地層が同じ時代のものであることを決めたり，互いの新旧関係を決めたりすることができるようになった．

　海の浅くて陸地に近いところ，深くて陸地からずっと遠いところ，それらの中間ぐらいのところなど，場所によって水塊によって繁栄している生物が異なるので，堆積物に含まれている示準化石の種類も異なっている．示準化石の中でも，その性質によって，地球的な規模での対比に有効な化石と，ある地域内の対比にだけ有効な地方的な化石がある．示準化石によって地層の時代が確定すると，その地層と他の地層との上下関係，他の火成岩などとの新旧の関係を示す地質学的事実などを総合して，地層の相対的時代をそれぞれ比較するような対比表をつくることができる．

　上図では，白亜紀前期のある期間（約1億2000万年前〜1億1300万年前）の地層をアンモナイトの示準化石でつないだ例を示す．そのような国際対比ができるのは，アンモナイトのふ化直後にプランクトン期があって，その分布が海流により規制されているからだということを左上図に示した．なお左下図には，千葉県銚子の白亜系の各層が大型化石としてのアンモナイト，微化石としての有孔虫という示準化石によって時代決定されていることを示す．

（小畠　郁生・松川　正樹）

この赤色チャートは秩父古生層の代表的な地層の一つとされたものであった．しかし三畳紀を示すコノドントが無数に含まれていた．

チャートの薄片中のコノドント

コノドントと日本の地史

　コノドントは"謎の化石"である．一般に歯状を呈し，大きさは1mm弱で化学組成はリン酸カルシウムを主成分としている．その研究史は古く，1856年にパンダー (Pander) という古生物学者が，ソ連のバルチック地方のオルドビス系から魚の歯の化石として報告したのに始まる．コノドントはその後，主としてアメリカで研究され多くの属や種が報告されたが，分類上の位置はもとより，どのような器官であるかも不明のままであった．1934年にはドイツのシュミットとアメリカのスコットが，それぞれ独立にコノドントの自然集合体と称するものを発見した．これはそれまで便宜的に別の属や種とされていたコノドントが，いくつか左右対称に配列して，ある種の動物体の中で何かの器官をつくっていたらしいことを示していた．戦後になってアメリカやヨーロッパでコノドントの研究が盛んになり，個々の"種"には生存期間の短いものが多く，化石層位学上きわめて重要な化石であることがわかってきた．今ではコノドントはカンブリア紀の初期にすでに出現し，古生代を通して繁栄し，三畳紀末に絶滅したことが判明している．また電子顕微鏡や種々の新しい手法による組織学的研究も進歩し，分類上の位置についてもいろいろと考察されている．

　1973年にアメリカのメルトンとスコットは，モンタナ州の石炭紀の石灰岩からコノドントを体内にもった魚型をした体長約7cmの化石を報告し，センセイションを巻き起こした．かれらはこの化石を原索動物の新しいグループとして分類し，コノドントを，この動物のデルタエンテロンと称する三角形をした腸のようなものの中で捕食のために水流を起こす器官であると考えた．しかしその後，1979年にモーリスが同じ場所から採集した標本をもとに再検討して，これはある種の動物がコノドントをもった動物を食べたために体内に入ったものであることを明らかにした．また1983年にはイギリスのブリグスらは，コノドントの集合体が体長25cmくらいの細長いウナギのような形をした動物化石の口にあたる部分に存在することを発見した．この化石や追加標本などからイギリスのアルダリッジらは1986年に，コノドントは原始的魚類と主張している．しかし，コノドントを体内にもっているという化石はまだまだたくさんあるらしく，どれが本当のコノドント動物であるか，いまだに謎に包まれている．

コノドントは保存のよいものは，この写真のように薄いこはく色をしている．しかしコノドントを含む地層が，地下深所に埋まって熱の影響を受けるとしだいに黒ずんでくる（アメリカ・イリノイ州の石炭系産）

日本産のいろいろなコノドントの走査型電子顕微鏡写真（電子顕微鏡写真提供：筑波大学　安達修子・佐藤良嗣・風間　敏氏）

　さて日本でコノドントの研究が始まったのは1960年代の後半からである．特に，従来古生代の地層とされていた日本各地のチャート層の多くから，三畳紀を示すコノドントが続々と発見された．コノドントは，長い間秩父古生層の名で親しまれた日本列島の骨組みをつくる地層の大部分が，実は中生代三畳紀のものであるという驚くべきことを証言した．これらの研究は，それまで組み立てられていた日本列島の古生代後期から中生代初期にかけての地史を，大きく書き改めるものであった．さらに最近になって放散虫化石の研究から，これらの三畳紀のチャート層は古生代後期の石灰岩層などとともに，より新しい地層の中に大きな岩塊としてすべり込んだと考えられるものが，各地から報告されるようになってきた．これらは，はるか南の深海底で堆積したものがプレートの移動とともに，ジュラ紀や白亜紀に現在の日本列島付近まで運ばれて，衝突・付加したものだとする，まったく新しい考えが出されている．

（猪郷　久義）

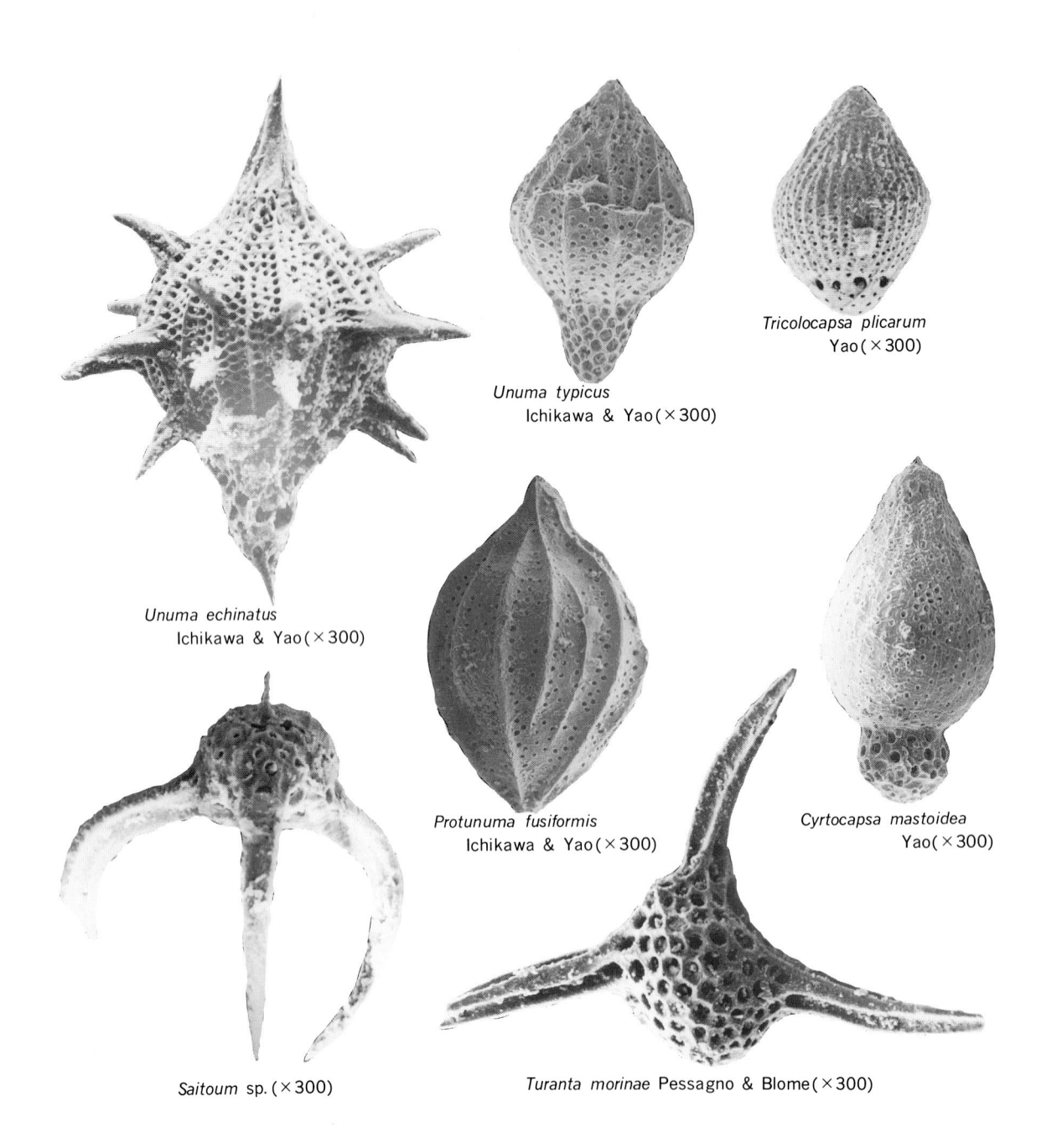

Unuma echinatus
Ichikawa & Yao(×300)

Unuma typicus
Ichikawa & Yao(×300)

Tricolocapsa plicarum
Yao(×300)

Protunuma fusiformis
Ichikawa & Yao(×300)

Cyrtocapsa mastoidea
Yao(×300)

Saitoum sp.(×300)

Turanta morinae Pessagno & Blome(×300)

放散虫と日本の地史

　放散虫．それは広い海に浮遊して生きている原生動物．0.1〜0.5mm くらいの大きさの珪質の殻をもつ．殻の形は球状・ディスク状・塔状 … などさまざまで，とげを放射状に伸ばしていることが多い．古生代の初めに出現し，時代とともにいろいろなグループに分かれたり，その一部が絶滅したりしながら現在に至っている．珪質の殻が化石としていろいろな岩石や海底の堆積物の中から見つかる．

　日本のずっと古い時代（古生代〜中生代）の地質の生い立ちを研究している人達は，最近大いにエキサイトしている．なぜなら，その生い立ちが新しいデータに基づいて，今まさに書き換えられつつあるからだ．新しいデータの代表は，なんといっても中生代放散虫であろう．1970年代に入って中生代放散虫の研究が急速に進み，示準化石としてたいへん役立つ化石であることがわかってきた．そして1970年

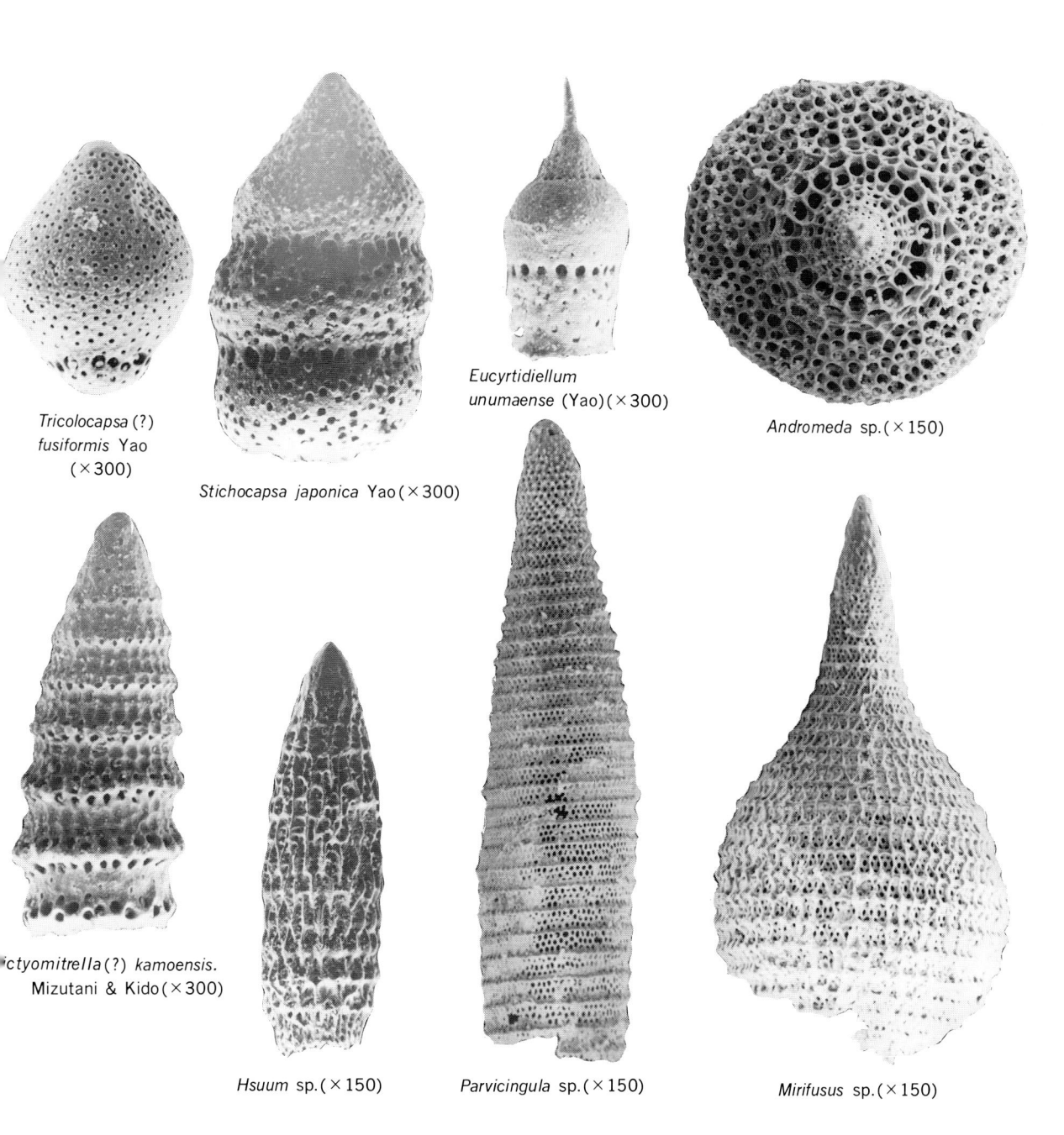

Tricolocapsa (?) *fusiformis* Yao (×300)

Stichocapsa japonica Yao (×300)

Eucyrtidiellum unumaense (Yao) (×300)

Andromeda sp. (×150)

ctyomitrella (?) *kamoensis*. Mizutani & Kido (×300)

Hsuum sp. (×150)

Parvicingula sp. (×150)

Mirifusus sp. (×150)

代終わり頃には，それまで"秩父古生層"などと呼ばれ，古生代後期の地層と考えられていた日本の地層の中から，その中生代放散虫が多くの地点で発見されだした．1980年代になると，放散虫によってもっと正確に地層の堆積した年代がわかるようになり，日本列島の主要部はジュラ紀から白亜紀にかけての付加体であると考えられるようになった．

　ここに示した放散虫化石は，日本の中生代放散虫を研究する口火となった，*Unuma echinatus* 群集の構成種の一部である．この標本は，岐阜県各務原市鵜沼の木曽川河岸に露出する赤色泥岩中のマンガンノジュールから産出し，写真のすべては Nassellaria 亜目に分類される．*Unuma echinatus* 群集はジュラ紀中世前半の群集であり，未記載種を含めて200種以上で構成され，現在，日本各地の泥岩やチャートから数多く報告されている．

（八尾　昭）

①

②

地層の上下と堆積順序を推定できる U 字形生痕化石

　熊本県牛深市深海町下平のミドケ浦には，走向がほぼ南北で西に急傾斜する古第三紀の教良木層が分布する（①）．このうちの砂岩・頁岩細互層中には生痕化石が多く，特にここに示すスランプ層中には他の3枚の図のようなU字管形の生痕化石が多い．

　これらの径は 1.8 cm で，平行な2本のパイプの間隔は 1 cm くらいある．そして長さは 1 m 以上にも達して，地層を垂直に貫いているものもある．生痕化石の形態上の分類で，これらは *Diplocraterion* と名付けられている．生物の種類がアナジャコなどの甲殻類か，ゴカイなどの多毛類かは不明である．アナジャコは管内壁を壊して，それをフィルターにかけて捕食するので，管の形はところどころでふくれている．この生痕はU字形がきれいなことからいえば，アナジャコなどの甲殻類よりむしろツバサゴカイに近い多毛類のものである可能性が強い．

　ここでは地層が垂直になっていて（写真は上方から地面を写している），地層の上下の判定が困難である．しかしU字管の開口部が常に上であることを利用すれば（④），地層の上下を判定することができる．

　また，②，③に示すように，U字管がしゅう曲したスランプ層を貫いている．この生物がU字管を掘るのに固化した岩石を選ばなかったとすれば，スランプ層はおそらく未固結のままで海底下を滑動してこの場所に堆積し，そのあとの海底からこの生物が巣穴をつくったことがわかる．なお②は③を拡大したものである．

（田村　実）

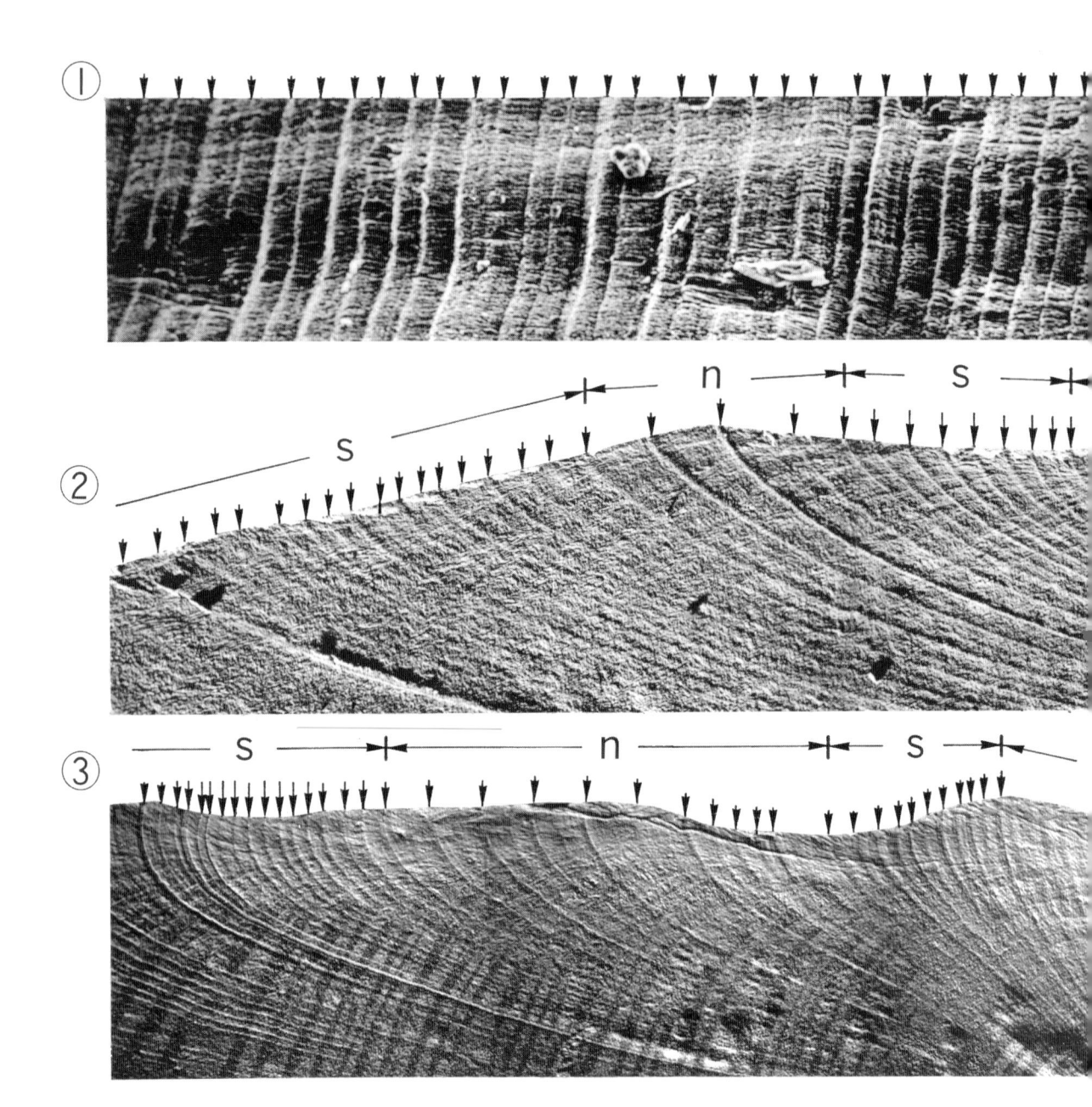

成長線からわかる過去の環境

　潮干狩りの舞台になる干潟には，たくさんの二枚貝がすんでいる．最近の研究によって干潟にすむ二枚貝は引き潮のときに干出すると，殻の中に1本の成長線をつくるということがわかってきた．つまり，成長線のパターンは，すんでいる場所の潮の満ち引きの様子の記録といえる．

　写真は，今から数万年前に大阪湾の干潟にすんでいた二枚貝の殻の化石で，成長線（下向きの矢印）がよく見えるように，走査型電子顕微鏡を使って撮影してある．①は，カキの蝶つがいの部分で，成長線は規則正しく並んでいて1日に2度ある干潮時に必ず干出するような，干潟でも比較的高いところにすんでいたと考えられる．②と③は二枚貝の殻の断面である（破片の化石なので，名前はわからない）．ともにはっきりした成長線が規則正しく密に並んでいる部分（s）と，うっすらとした成長線が間隔広く並んでいる部分（n）とが繰り返している．sの部分は，カキの蝶つがいの場合と同じように，大潮のとき

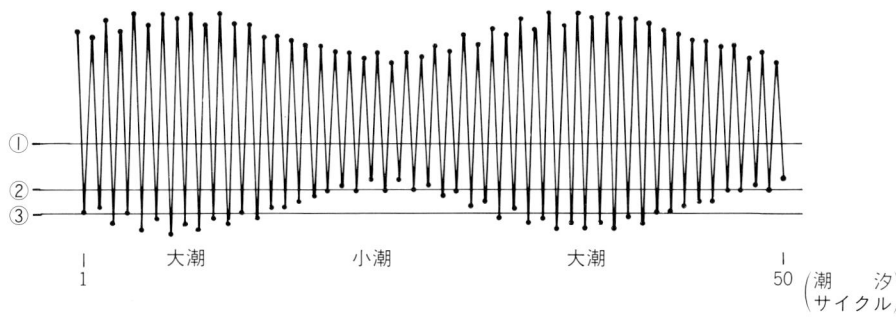

化石片の成長パターンから推定される二枚貝生息当時の潮汐タイプ
模式図：50回の潮の満ち干きを示してある．横線は化石個体の推定生息位置．

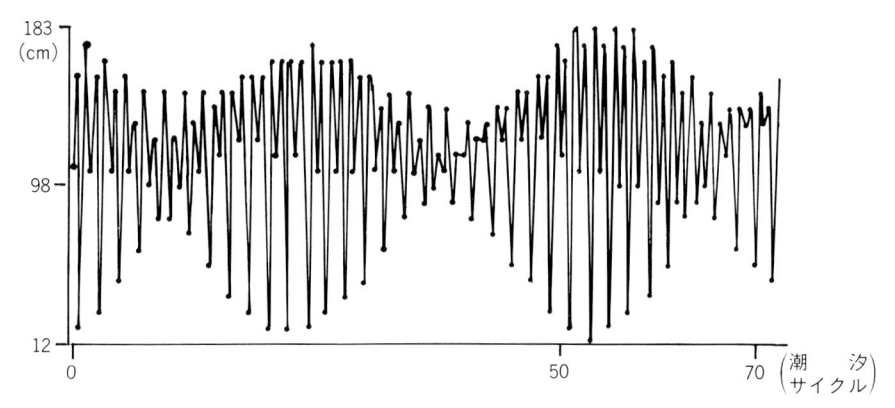

現在の大阪での潮汐
1980年7月〜8月初旬にかけての満潮・干潮高度を示す（海上保安庁水路部編集，昭和55年潮汐表より引用）．

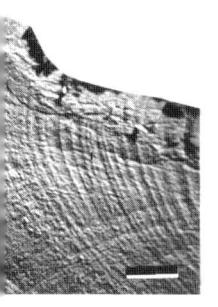

右下のスケールは
①：10 μm
②，③：50 μm

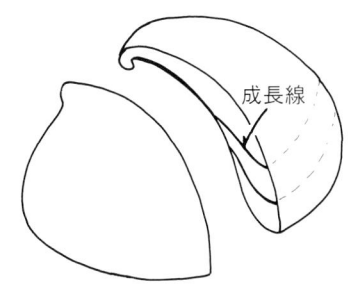

貝殻の断面と成長線の関係

に，二枚貝が干潮時に必ず干出することによってでき，小潮のときには，せいぜい1日に1度くらいしか干出しないので，成長線は弱く，間隔も広くなり，nの部分はそういうときにできたと考えられる．このようなパターンのできるのは干潟でも，①のカキよりは低いところと考えられる．③の方が②よりもnの部分の割合が大きいので，②よりもさらに低いところにすんでいたと考えられる．

今まで述べたことをもとにして，化石の生きていた当時，今から，数万年前の大阪湾の潮汐カーブと，三つの二枚貝（①，②，③）のすんでいた高さを復元してみると，右ページ上の図のようになり，引き潮のときの潮位の差があまりないことがわかる．現在の大阪湾の潮汐カーブは右ページの真ん中のようなもので，2回ごとの引き潮の一つが強く，もう一つが弱い．これに比べると数万年前の大阪湾での潮汐カーブは，今とは随分違っていたことがわかる．

このように，化石の研究は，ほかの方法では知ることのできない，大昔の潮汐カーブの復元といった分野にも力を発揮するのである．

（大野　照文）

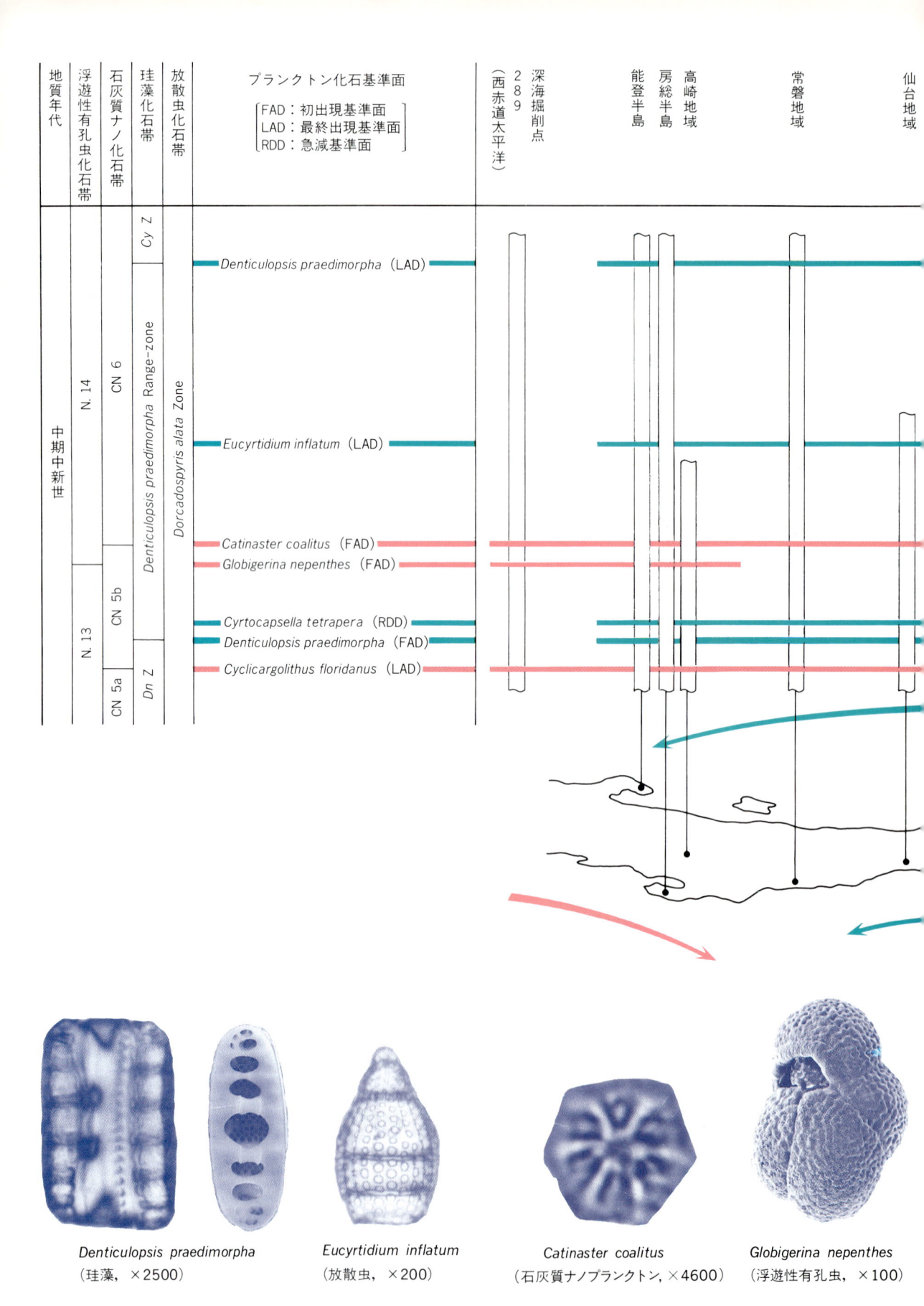

地質年代	浮遊性有孔虫化石帯	石灰質ナノ化石帯	珪藻化石帯	放散虫化石帯	プランクトン化石基準面 [FAD：初出現基準面 / LAD：最終出現基準面 / RDD：急減基準面]	深海掘削点 289 (西赤道太平洋)	高崎地域	房総半島	能登半島	常磐地域	仙台地域
中期中新世	N.14	CN 6	Denticulopsis praedimorpha Range-zone	Dorcadospyris alata Zone	Denticulopsis praedimorpha (LAD)						
					Eucyrtidium inflatum (LAD)						
				Cy Z	Catinaster coalitus (FAD)						
					Globigerina nepenthes (FAD)						
	N.13	CN 5b			Cyrtocapsella tetrapera (RDD)						
					Denticulopsis praedimorpha (FAD)						
		CN 5a		Dn Z	Cyclicargolithus floridanus (LAD)						

Denticulopsis praedimorpha (珪藻，×2500)

Eucyrtidium inflatum (放散虫，×200)

Catinaster coalitus (石灰質ナノプランクトン，×4600)

Globigerina nepenthes (浮遊性有孔虫，×100)

プランクトン化石と古海洋

　海洋プランクトンの微化石は，海成層の対比や年代決定に重要な役割を果たしている．しかし，それとともにこれらの化石が古海洋に関する膨大な情報を抱えていることが明らかになり，現在その解読が進行中である．

　現生の海洋プランクトンは，熱帯・温帯・寒帯の水塊ごとに構成種やそれらの産出頻度が異なり，それぞれに固有な群集は地球を取り巻き，赤道に平行な帯状の分布パターンを示している．地質時代においても同様な群集の分布と分布様式が見られ，全地球的な気候の大変動とともにこれらの帯の幅が変化した．

　日本列島の周辺海域では北上する黒潮と南下する親潮が会合し，両者が消長を繰り返していることはよく知られている．これとよく似た状況が，新第三紀の中期中新世後半にも見られる．東北地方から関東地方にかけて分布するこの時代の海成層を，浮遊性有孔虫・石灰質ナノプランクトン・珪藻・放散虫などのプランクトンの各化石帯に区分し，さらに特徴的な種の基準面*を追跡したところ，図のような結果が得られた．この図には，西赤道太平洋の深海堆積物中の状況も参考までに入れてあるが，暖流系種（淡紅色）と寒流系種（青色）が出現した状況は，それぞれの地域の地層（白抜きの柱）との交差で示される．これによって太平洋側の北部も日本海側も同じ寒流系水で洗われていたが，これに対して太平洋側の南部は，暖流系水の支配下にあったことが明らかである．時代とともに両水系が消長した状況を追うと，右側の海洋気候の変動曲線（推定）を描くことができる．きわめて興味深いことは，この曲線が赤道太平洋で酸素同位体比から求められた深海底の古水温の変化曲線と，よく一致した傾向を示すことである．

　　　　　　　　　　　　　　　　　　　　（高柳　洋吉）

*　種の進化的出現や絶滅の層準，産出頻度の急変で特徴づけられる種の興隆や衰微を表す層準．

Cyrtocapsella tetrapera
（放散虫，×200）

Cyclicargolithus floridanus
（石灰質ナノプランクトン，×2900）

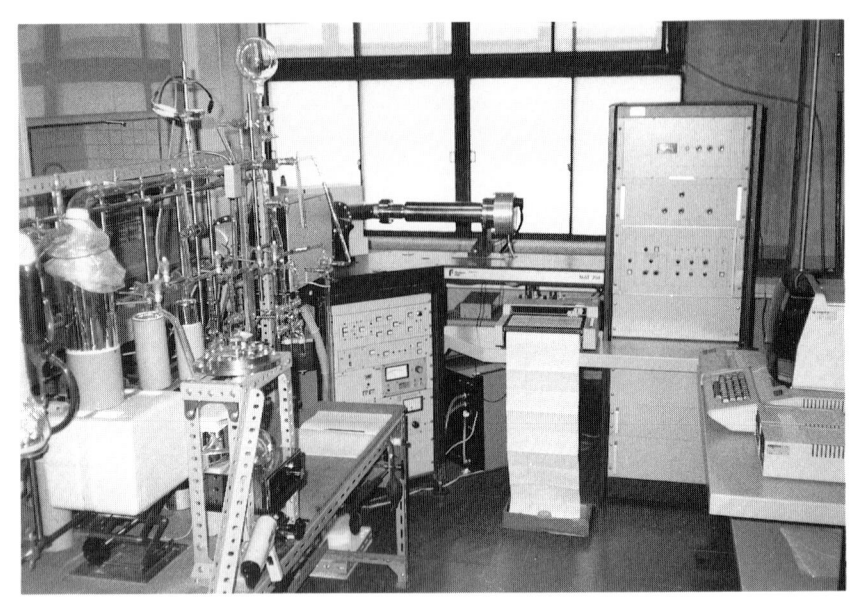

同位体比質量分析計
炭酸カルシウムの試料（数 mg）を小さなカプセルに入れ、回転式真空試料投入装置（左手前）からリン酸の中に落とす。発生した炭酸ガスを精製して、同位体質量分析計にかけると、約 10 分後に酸素同位体比が測定される。

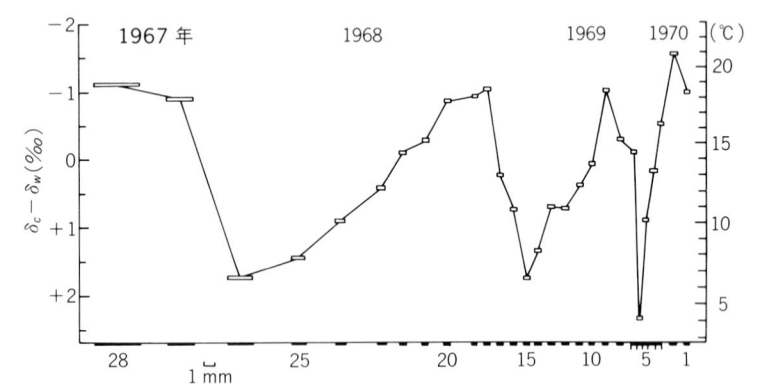

昔の水温を求める

酸素の同位体（^{18}O と ^{16}O）を使って、昔の水温を推定することができる。その原理は、貝や有孔虫などが炭酸カルシウム（$CaCO_3$）の殻を形成するとき、殻に取り込まれる ^{18}O と ^{16}O の割合が、水温によって変化するためである。一定水温で成長した貝殻について、殻に取り込まれた ^{18}O と ^{16}O の割合と水温（T）との間には、次の関係式が実験的に求められている。

$$T = 16.9 - 4.2(\delta_c - \delta_w) + 0.13(\delta_c - \delta_w)^2$$

δ_c と δ_w は、殻およびその殻が形成されたときの周囲の海水の酸素同位体比である。そこで、δ_w を一定と仮定して、δ_c を ±0.02‰ まで測定すると、昔の水温を ±0.1℃ の精度で推定することが可能である。

酸素同位体比を使って求めた水温が実際の水温と一致するかどうかは、現生種の試料を用いて検証することができる。上の写真は、1970 年に陸奥湾から採集されたアカガイである。殻の表面から削り取った試料（1～28 番）の酸素同位体比を、海水の酸素同位体比とともに、上述の式に代入すると水温が算出される（右上の図）。得られた水温（3.5～21℃）を陸奥湾の表面水温（3.5～23.5℃）と比較すると、両者はほぼ一致する。夏の水温がやや低く算出されたのは、貝の生息深度が深いためである。

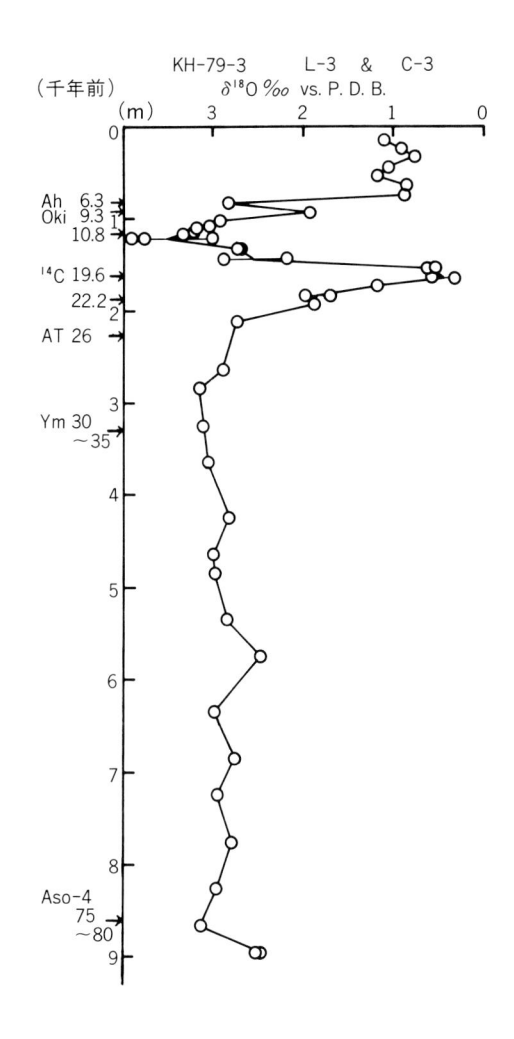

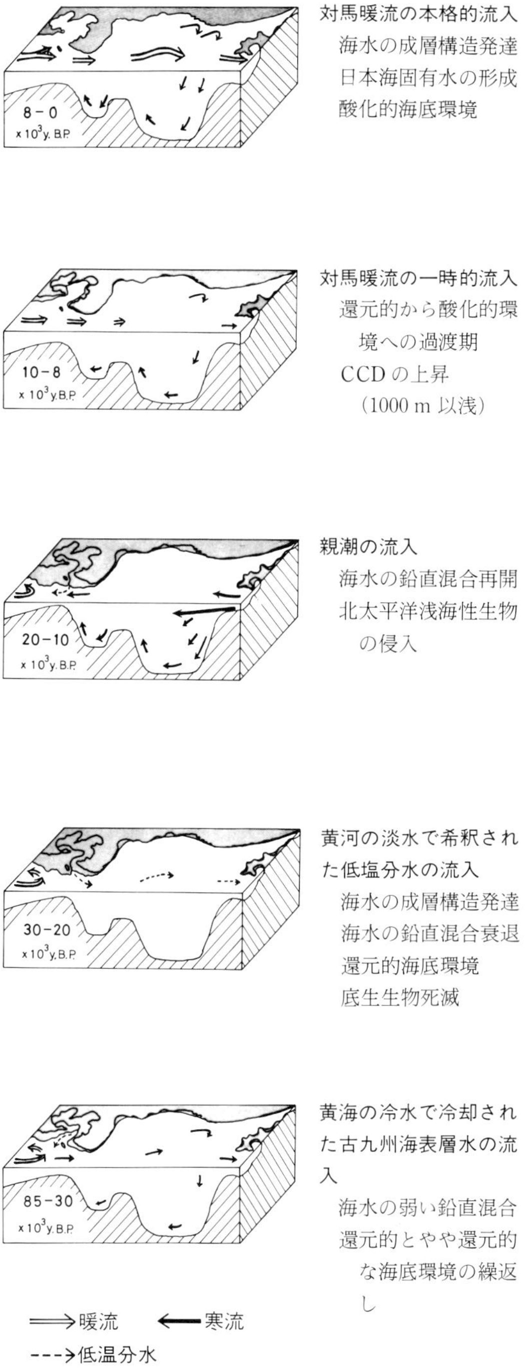

過去の日本海

　左上の図は，日本海の隠岐堆から採取された海底コアに含まれる浮遊性有孔虫殻の酸素同位体比を示したものである．現在から約6300年前までと約2万年前に酸素同位体比が著しく薄くなっているが，これは，当時の日本海の表面水温が高かったか，あるいは海水の酸素同位体比が薄かったか，という二つの原因が考えられる．同じコアに含まれる珪藻・石灰質ナノプランクトン・放散虫・有孔虫などの微化石の群集組成も，古環境の変化に従って変わる．そこで，酸素同位体比や各微化石群集の解析結果を総合して，過去85000年前までの日本海の古環境変遷史を復元すると，右上の図のようになる．

　一方，氷のコアや深海底のコアの酸素同位体比から，第四紀および第三紀の詳しい気候変化の様子も明らかにされている．

（大場　忠道）

示相化石のメガロドン類

　メガロドン類は，三畳紀後半のテチス海域で急速に発展した特異な形の（厚歯）二枚貝で，一般に石灰岩から密集して産出する．アルプス地域での研究により，その生息環境は熱帯の数mより浅い礁湖（ラグーン）の石灰泥の中であることが判明している．①はオーストリア・ザルツブルグ南方アドネットの石灰岩採石場で，生存時の状態が保存された造礁性サンゴのテコスミリヤなどの化石が見られる．そしてこの写真の右端にはメガロドンの断面も見られる．⑤がその拡大写真である．造礁性サンゴとメガロドンの生息地は，互いに接していることがわかる．石切場の図の左方下部にはサンゴが先端部を侵食によってカットされ，その上にさらに石灰岩が堆積した不整合面が見られる．このような不整合は石灰岩体の一つの層序でいくつも見られ，土地の隆起・沈降が繰り返されたことを示すとともに浅海環境を示している．

図中:
- 日本のメガロドン石灰岩の堆積当時の環境
- 熱帯蒸発盛
- 風化激しい
- 海水面　礁　ラグーン　礁
- 石灰岩　スランプ層　火山噴出物　メガロドン石灰岩　チャート
- ラグーンの浅海環境を支持する資料
  - peloids
  - oncoids
  - 浅海生物化石
  - ウニ・ウミユリ・石灰藻・メガロドン類
  - ドロマイト化作用
  - 乾燥による収縮構造

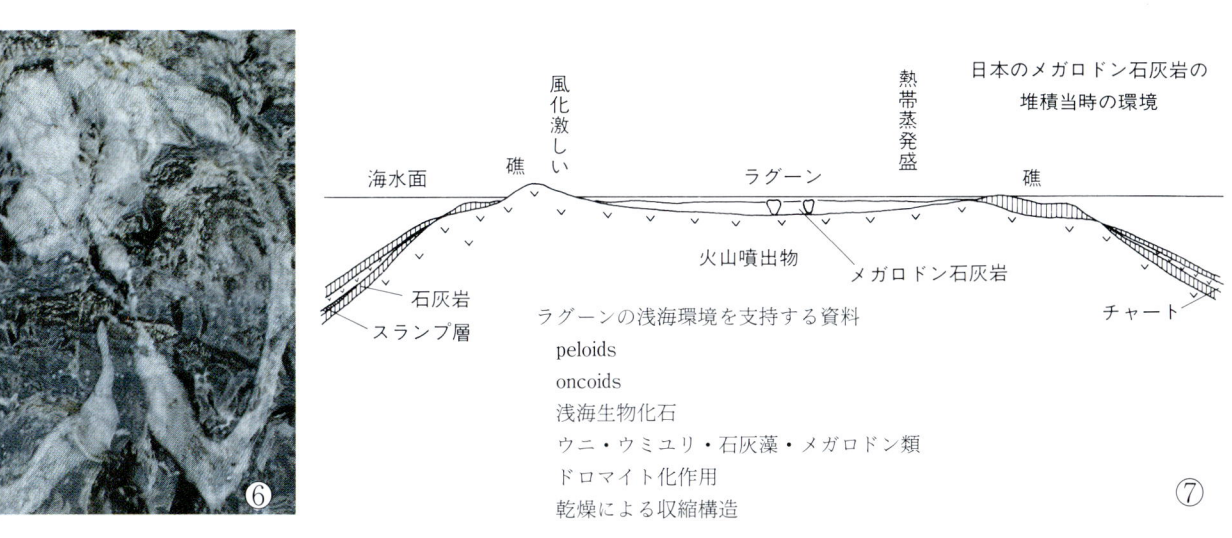

　日本のメガロドン類は，熊本県の球磨川沿いの鎗倒石灰岩から初めて発見された（②）．その産状は小規模であるが，アルプスのものに似ている．②は鎗倒石灰岩で，水面のすぐ上の泥のついた部分の上にメガロドンが密集して産する．この石灰岩が海底火山噴出物の上に載っていることや，種々調査の結果から，日本のメガロドンの生息地として⑦に示すような火山島上の礁湖が復元できる．⑥は球磨川底の石灰岩中メガロドンの断面で，産状はアルプスのものに似る．ここのものの一つは *Triadomegalodon* sp. cf. *tofanae* で，石灰岩から削り出したものを③に示す．日本のメガロドン類は，分布上は三宝山帯に産し，熊本県では現在五ヵ所確認され，四国の愛媛・高知県でも産出することが明らかになっている．メガロドン類の産出環境が熱帯と見られていること，その世界的分布はテチス海域に限定されていること，そして日本ではそれに伴うフォーナが，三宝山帯より北側の上部三畳系のフォーナ（二枚貝では河内谷フォーナ）と異なることから，この地帯がプレートの動きにより付加されたとの考えも成り立つ．

（田村　実）

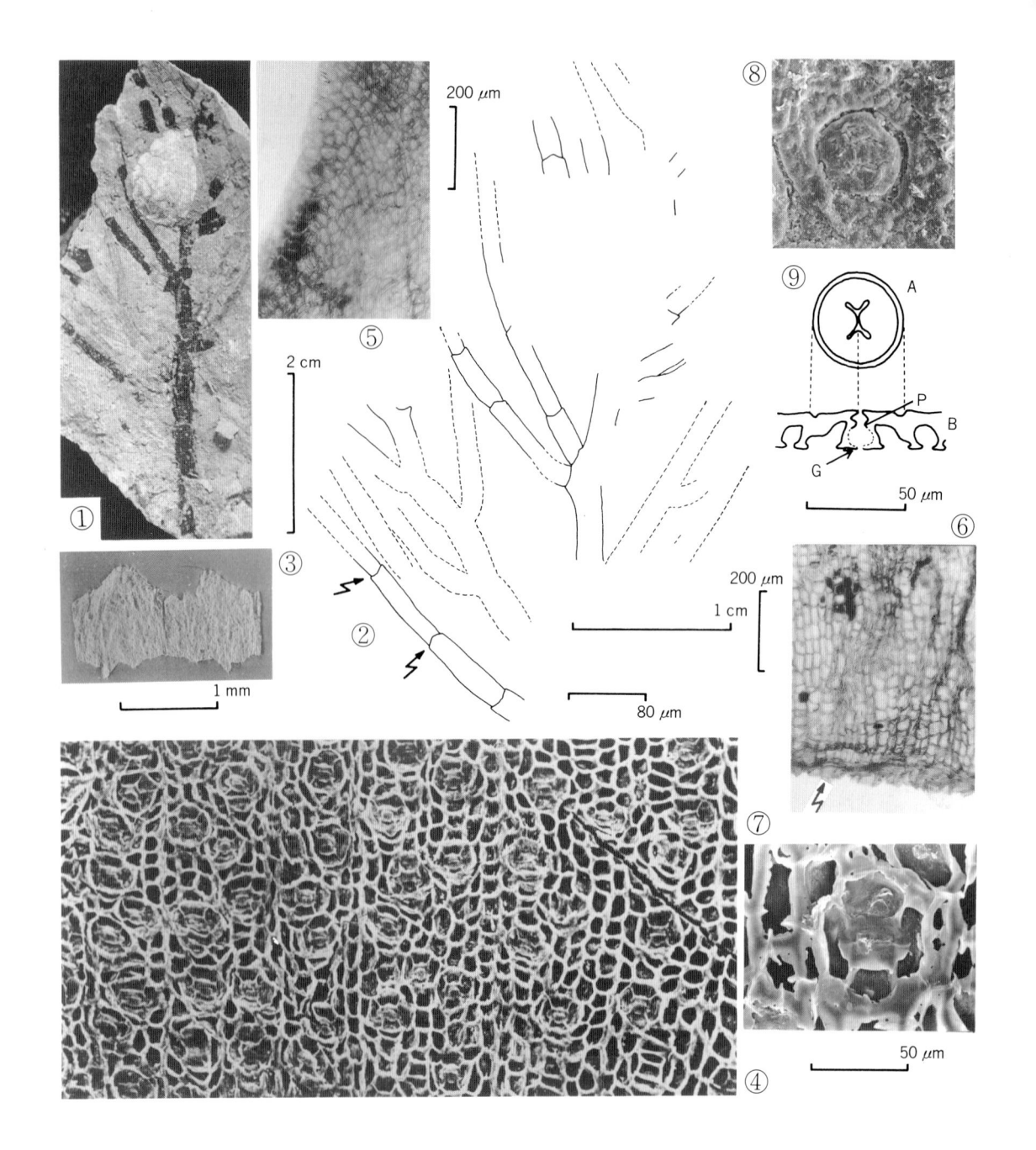

古気候と化石の形態—化石葉の組織（表皮構造）

　一般に裸子植物の葉の表裏には，キューティクル（cuticle）と呼ばれる一種のワックス層が発達している．キューティクルは酸化に対する抵抗性が強いので，化石の場合でも，火成岩の貫入による熱の影響や圧力による強い変成作用を受けないかぎり，よく保存されている．キューティクルは葉の表皮細胞の構造をよく反映しているので，これを観察することは，すなわち葉の表皮細胞を観察していることになる．したがって，キューティクルを観察することによって，化石葉の外形だけに頼るよりは，はるかに信頼性の高い分類・命名を行うことができる．

　化石葉にキューティクルが保存されているかどうかは，蛍光顕微鏡などによる観察や，化石葉の保存の状態によって経験的に知ることができる．キューティクルを採取するには，かなりの技術的経験を必

要とする．一般には，まず化石葉の一部をピンではがし，これを酸化剤にひたしてキューティクル以外の植物組織を，アルカリに溶ける段階にまで酸化する．その後，アルカリを加えて可溶性物質を除き，さらにそれを染色した後，プレパラートとする．

①は，千葉県銚子市海岸に分布する下部白亜系から得られた化石で，②のような外形をしている．その形態は，北海道から東北日本の海岸に自生するアッケシソウ（被子植物）によく似ているが，実は，中生代にしか生育が知られていない絶滅球果類（Cheirolepidiaceae）に属するフレネロプシス（*Frenelopsis*）という属で，当時の熱〜亜熱帯域に広く分布していた植物のうちの一つである．この化石は，手取型植物群にはまだ発見されていない．

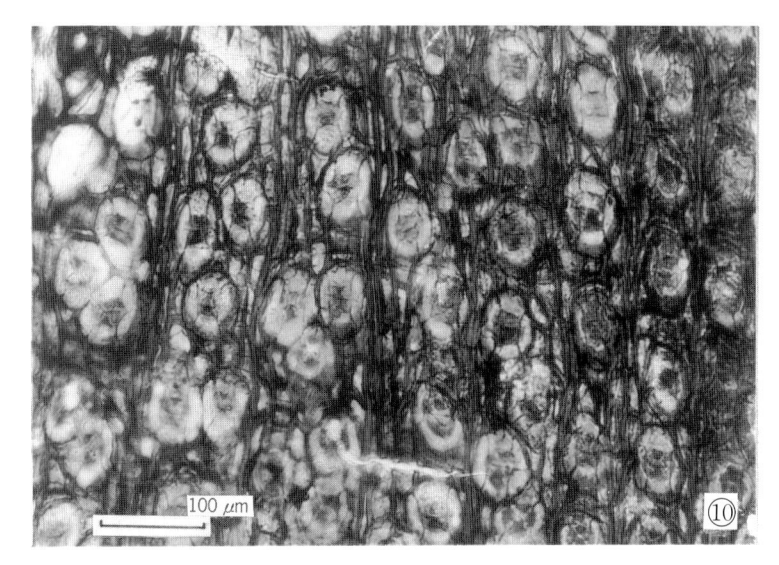

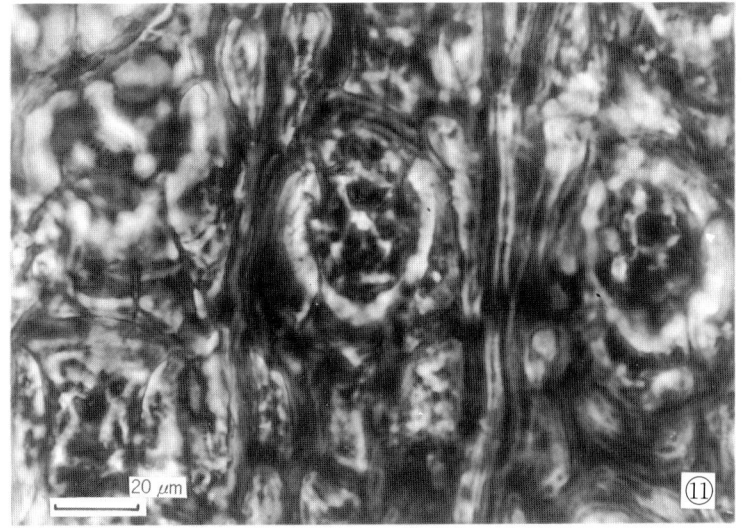

植物体は，②に示すように，筒状の節間の継ぎ合せからなり，各節には2枚の葉〔③，筒を縦方向に切り開いたもの，走査型電子顕微鏡（以下SEMと略称）写真〕がある．気孔は，筒状の節間および葉の見かけ上の表面に⑩，⑪のように密に分布するが，気孔の入口は⑧，⑨に示すように副細胞の肥厚部によって閉ざされているため，気孔の構造を外側から観察することができない（⑨のAは⑧のスケッチ，Bはその断面，Pは気孔溝の肥厚部，Gは孔辺細胞）．したがって気孔の構造は，キューティクルの内側からの観察が必要となる（④，節間部；⑦，気孔部の拡大，ともにSEM写真）．気孔は葉の縁には分布せず（⑤），また葉でおおわれた節間部には分布していない（⑥，矢印は節部を示す）．

キューティクルの観察は，その植物の形態的特徴を知るだけでなく，その植物の生育環境を類推することにも役立つ．気孔の入口が⑧のように閉ざされていることは乾燥気候への適応を示し，またキューティクルの厚さも20μmと異常に厚い．しかし，他地域の紅色岩層から産する同属の植物のキューティクルの厚さは50μmにも達することから，将来は地域間の当時の乾燥度の比較にも役立つであろう．

（木村　達明・斉木　健一）

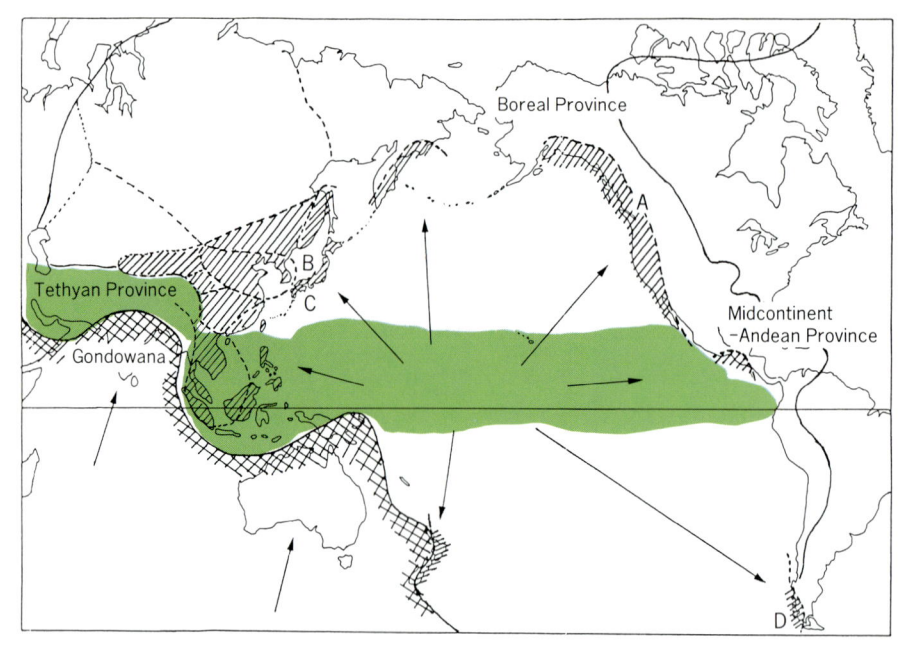

環太平洋沿岸地域へ衝突・付加したフズリナ石灰岩を載せた地塊群および海山群の分布（斜線部）
これらの地塊群や海山群は，ペルム紀にはテチス海の東方延長上の低緯度地帯（色の部分）にあった．

太平洋をはさんだアジアおよびアメリカ両岸の遠隔地におけるフズリナ化石動物群の著しい類似例 ➡
①から④はすべて海山型石灰岩で，対をなす海山は石炭紀およびペルム紀には，古太平洋低緯度地帯の近接地にあったと思われる．

（フズリナの原図は Chen, 1934；Chisaka と Corvalan, 1979；Douglass と Nestell, 1976；Ishii, 1962；Kanmera, 1958；Minato ら, 1979；Nogami, 1961；Ota, 1977；Ozawa, 1975；Skinner と Wilde, 1966；Thompson, 1965；Toriyama, 1953, 1958；Watanabe, 1974 による）

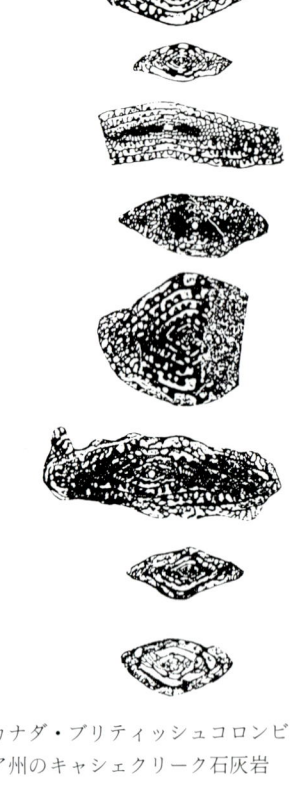

① カナダ・ブリティッシュコロンビア州のキャシェクリーク石灰岩

化石や生物を載せて動く大陸──環太平洋沿岸地域へ衝突・付加したフズリナ石灰岩を載せた海山群および地塊群

　環太平洋地域では，強く褶曲した変動帯から，また変動帯に取り囲まれた大小の地塊から，主としてテチス海要素の豊富なフズリナ化石群が産出する．この地域のフズリナ石灰岩には，二つの型が知られている．一つは華北から朝鮮半島にかけての中朝地塊，華南を中心とする揚子地塊といった大きな地塊や南部北上帯のような小さな大陸塊の陸棚上に，砕屑岩や石炭層とともに堆積した層状石灰岩，そして他の一つは海洋性の塩基性火山岩類の基盤の上に陸源物質をまったく含まず，長時間にわたって堆積した塊状の厚い石灰岩である．特に，後者は海洋底の海山上に発達した石灰礁と考えられ，その周囲にはしばしば同時代のチャート相を伴っている．秋吉石灰岩はこの代表例である．これら二つの石灰岩は，石灰岩体の年代より新しい時代の砕屑岩中に異地性岩体として認められ，岩体自身が強い破砕を受けていることもまれではない．このようなフズリナ石灰岩の産状は，海洋底の海山上に発達した石灰岩がプ

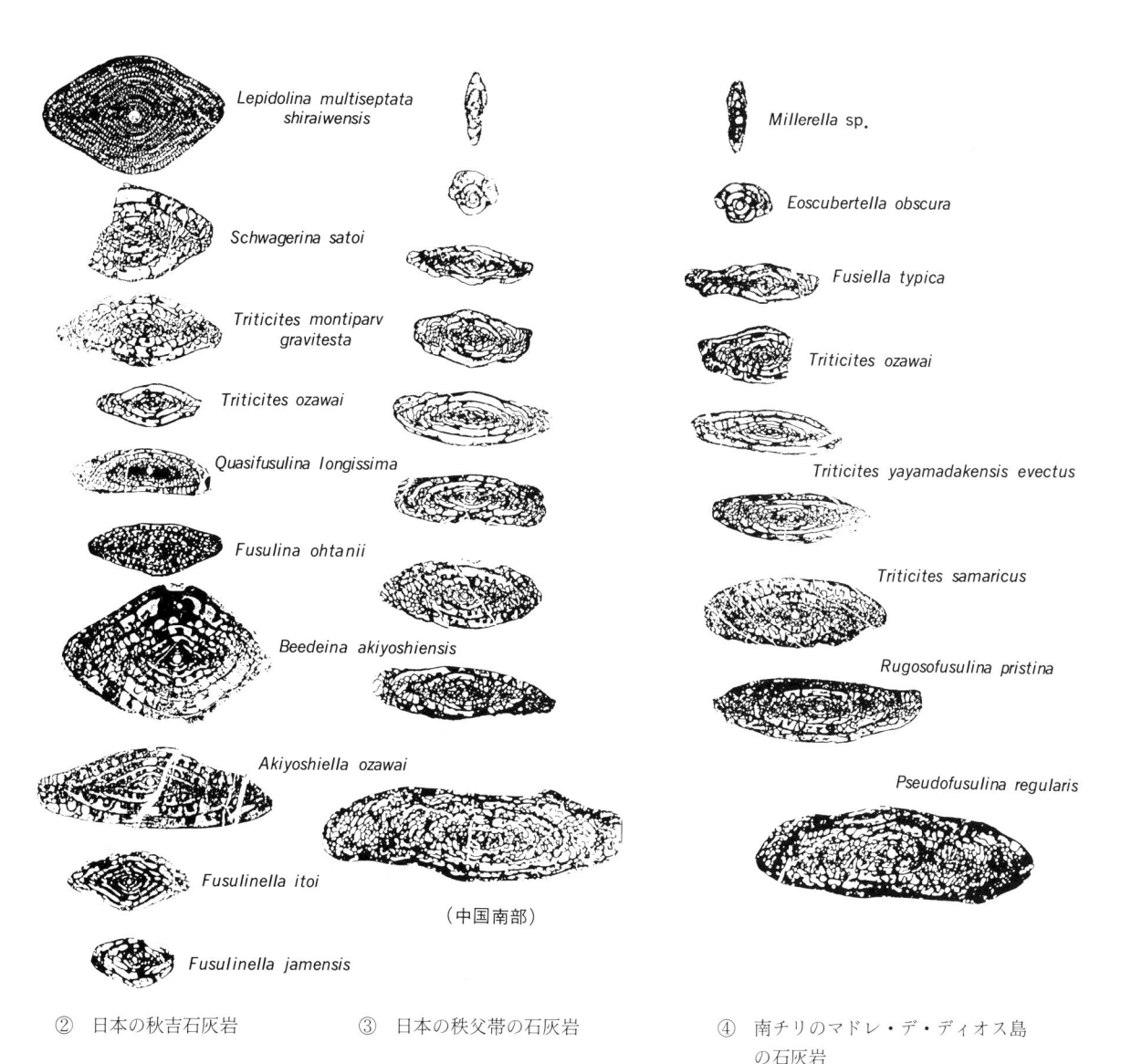

② 日本の秋吉石灰岩　　③ 日本の秩父帯の石灰岩　　④ 南チリのマドレ・デ・ディオス島の石灰岩

レート運動により運ばれ大陸縁に衝突・付加し，より新しい時代の砕屑岩中に取り込まれたことを示している．

　中朝，揚子といった東アジアの地塊上のペルム紀火山岩類やフズリナ石灰岩の基盤の玄武岩質溶岩の古地磁気の研究から，これらの地塊群や海山群は，ペルム紀には古太平洋（パンサラッサ）の低緯度地帯にばらばらの状態で点在していたことが明らかにされてきている．50°をこす高緯度地域を含め環太平洋沿岸域の変動帯中のフブリナ石灰岩は，テチス海域の東方延長上の低緯度地帯にあったこれらの地塊の陸棚上や海山上に発達したものが，その後の海洋底の拡大に伴って太平洋を取り囲む大陸縁に衝突・付加したものである．日本を含む東アジア地域に知られるフズリナ化石群と同じ種構成よりなる化石動物群が，はるか離れた北アメリカ太平洋岸，チリ南部，ニュージーランドなどの環太平洋地域の古生代末から中生代のプレート付加体中から発見されている．この事実は，古太平洋の海洋底の拡大とそれに伴う海山群や地塊群の大陸縁への衝突・付加の歴史を如実に物語っている．

（小澤　智生）

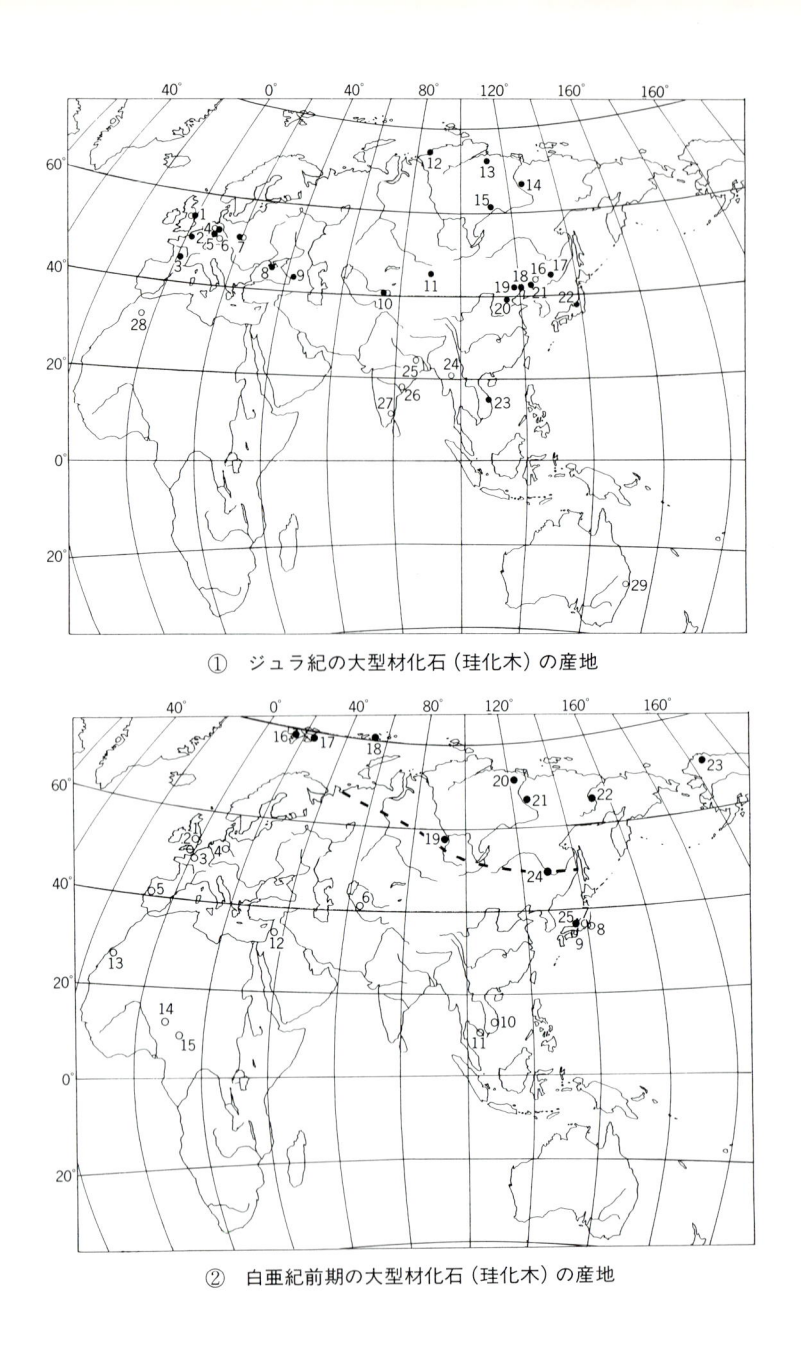

① ジュラ紀の大型材化石（珪化木）の産地

② 白亜紀前期の大型材化石（珪化木）の産地

◀ Vitrinite, ◀ Fusinite

中生代の針葉樹類材化石の分布

「現在の日本列島はいくつかの小地塊が集合したものである．」このことが最近，地球科学の分野で明らかにされつつある．さらにこの小地塊が合体した主な時期の一つは，中生代白亜紀の中頃であるともいわれている．ここでは，中生代に最も栄えた針葉樹類の材化石記録に基づく日本列島つぎはぎ論を紹介しよう．

ユーラシア大陸の中生界に比較的多産する大型材化石（珪化木）に，ゼノザイロン属（*Xenoxylon*）とメセンブリオザイロン類（Mesembrioxyleae）がある．ヨーロッパ地域や中央アジアまたは中国東北部などで，ジュラ紀の間ともに針葉樹林の主要構成員であった（①：●印はゼノザイロン，○印はメセンブリオザイロン類の産地）．白亜紀初期になると，それらの地域での共存関係はなくなり，ゼノザイロンの

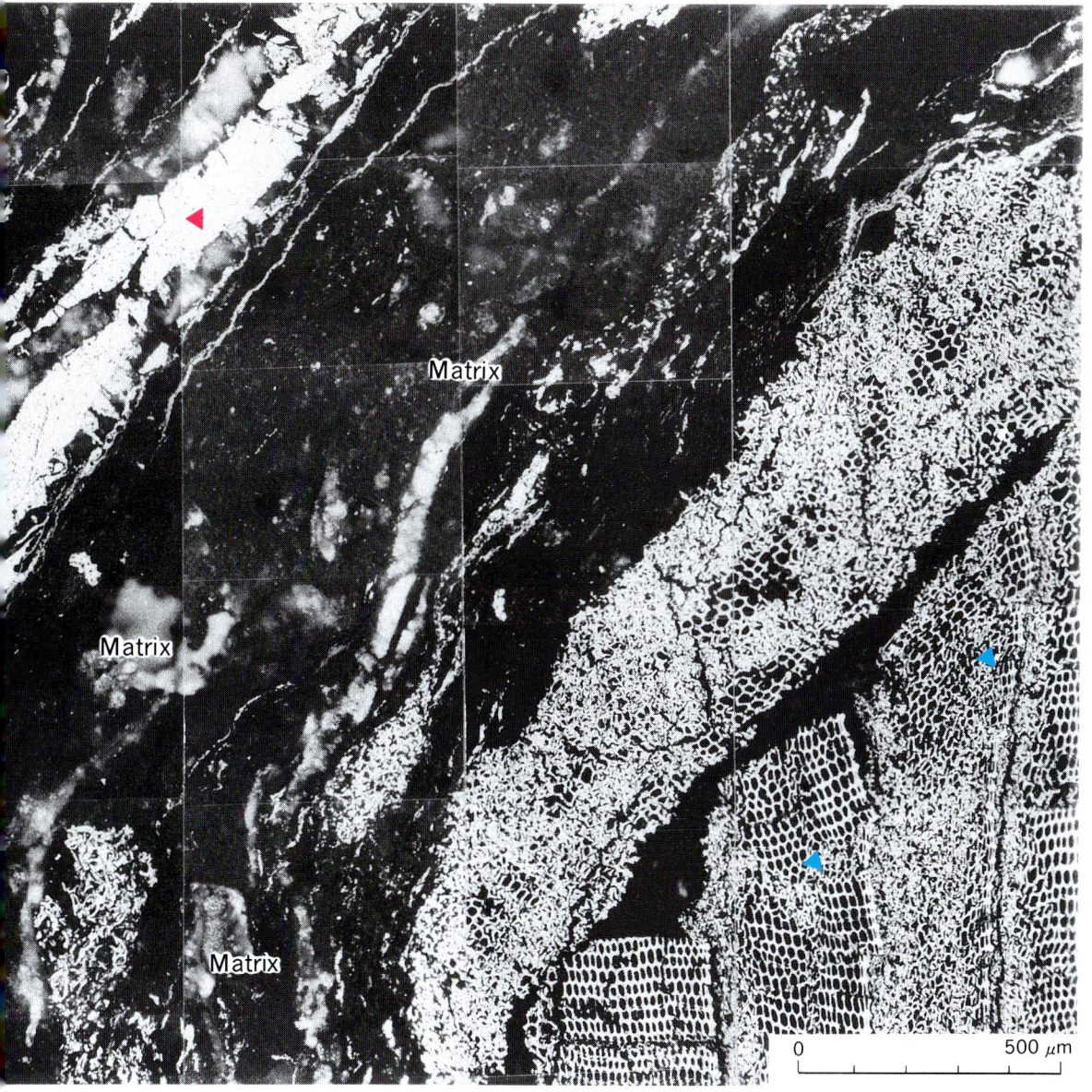

③ 堆積岩中に散在する炭化した微小な植物片の反射顕微鏡写真（岩石試料は鏡面仕上げしてある）

分布はシベリア地域などにかぎられる（②）．この時期にシベリア地域とヨーロッパおよび中央アジア地域との間に植物地理区上の対立があった，という研究成果がある（②：破線はVakhrameev, 1971による境界線）．しかし，日本ではゼノザイロンを産する飛騨帯（②，♯25）がメセンブリオザイロン類の産地（②，♯7〜9）と非常に接近して位置している．日本では白亜紀初期まで共存関係が続いていたのだろうか．それとも当時日本は，植物地理区の境界上に位置していたのだろうか．

日本の下部白亜系にゼノザイロンが産するのは，現在までの知見からでは飛騨帯のみであり，西南日本外帯や東北日本太平洋側に分布する下部白亜系からの産出報告例は皆無である．この事実は，大型材化石ばかりでなく，堆積岩中に岩石構成粒子の一員として含まれる微小な炭化材化石（③のFusinite）の植物解剖・分類学的研究によっても裏付けされている．中生代の材化石記録は，飛騨帯が他の地塊と由来が異なる可能性も強く示していて興味深い．

（綱田　幸司）

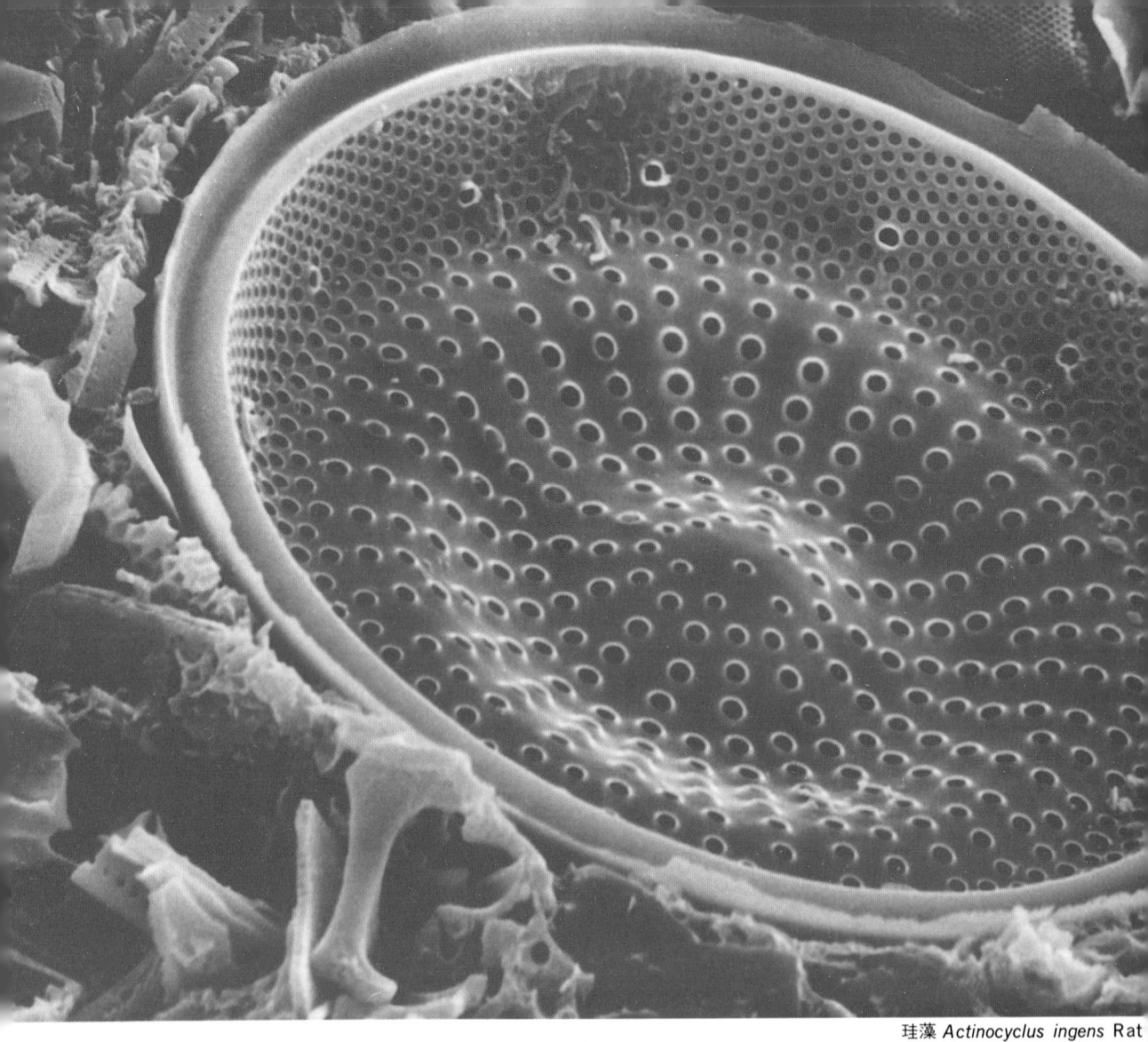

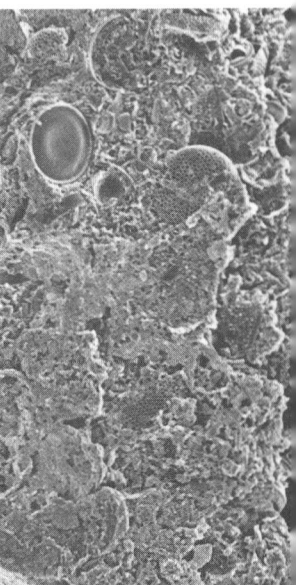

珪藻 *Actinocyclus ingens* Rat

チャート（白亜紀，高知県横波，×85）

珪藻

112

耐火材や沪過材として利用される化石——珪藻土,チャート

　現在の海洋には,動植物プランクトンと呼ばれる微小な生物の生産量が特に高い海域がある.ベーリング海,赤道太平洋,南極収束線周辺,そして各大陸や島列の沿岸域などがその例である.これらの海域では,"垂直混合や湧昇流"に代表されるような,海の深いところに蓄えられている栄養塩類を海の表面に運ぶ海洋のシステムが,ほぼ共通して存在している.生産された生物の大量の遺骸は,"マリンスノー"として海洋底に沈積し堆積しつづける.それらの多くは,陸源の粗粒な砕屑物を含まない生物源堆積物で,有孔虫軟泥,珪藻軟泥,放散虫軟泥などの名で呼ばれている.

　地質時代の珪藻軟泥が,珪藻土である.珪藻土は,日本海側の奥尻島,男鹿半島,佐渡ヶ島,能登半島,隠岐島後,太平洋側の岩手県二戸など多くの地域で,海成の新第三紀層の中に含まれている.淡水域で生活する珪藻もいるので,珪藻土には湖や沼で堆積した淡水成のものもある.珪藻は,顕微鏡でないと見えない微小な藻類で,シリカからできた殻をもち,ちょうど2枚のガラス皿を重ね合わせたような形をしている.殻の表面には,大小無数の小さな穴が,幾何学模様をつくって配列している.このように珪藻は多孔質であるため,古くはダイナマイトをつくるときの吸着材として利用され,近年では耐火材や断熱材の原料として用いられるほか,製糖・製油過程での沪過材として利用されている.今日のように物質が豊かでなかった時代には,家庭の台所の必需品であった七輪や,ビスケットの増量材としても用いられた.

　もう一つの珪質堆積岩に,チャートがある.チャートは,日本列島の骨格をつくる中古生層の中で主要な岩石の一つで,北海道から沖縄まで広く分布している.チャートは透明感のあるち密で硬い岩石で,ほとんどが放散虫からできている.それは陸源の粗粒な破屑物をまったく含んでいないために,深海底で形成され,移動する海洋プレートで海溝まで運ばれ,付加されたものと考えられている.いわば,チャートは地質時代の放散虫軟泥といえる.かつては無化石と思われていたチャートは,実は化石の宝庫であって,近年ではそれをつくる放散虫は地層の時代決定に欠くことのできないものとなっている.再結晶作用によって,チャートがかなり純粋な石英の集合体となったものは,珪石として耐火煉瓦などの原料として利用されている.

(谷村　好洋・斎藤　靖二)

(第三紀,島根県隠岐島後,×4500)

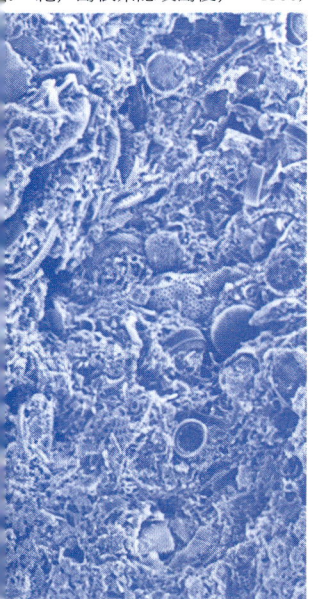

(第三紀,島根県隠岐島後,×85)

豊かな文明を支える石灰岩

　石灰岩は炭酸カルシウム（CaCO₃）を主成分とする堆積岩である．石灰岩は生物起源の石灰質の殻や骨格ならびにその破片を主成分とするものが多く，まさに生物がつくった岩石といえる．石灰岩は驚くほど利用価値が高く，セメント，生石灰，消石灰，カーバイト，ガラス，肥料，プラスターなどの製造と，各種の近代化学工業や窯業の主原料または副原料として大量に消費されている．また製鉄の際にも石灰岩は不可欠の副原料で，これも大量に用いられる．石灰岩は大理石として古くから重要な石材であった．そのほか最近では，建設土木用の骨材としての需要も著しく増加している．さらに石灰岩は，汚濁水の浄化・中和，工場排煙の脱硫など公害防止にも役立ち，製紙ならびに食品添加物として漂白剤にも広く用いられるようになった．砂糖の精製にも石灰岩が利用されていることは，あまり知られていない．このように石灰岩はわれわれの身の回りで，その姿や形を変えて広く用いられ，今日の豊かな文明を支えているといっても過言ではない．わが国はその面積の割に石灰岩の埋蔵量が多く，しかも良質であり，年間約1億8千万tにも達する大量消費にもかかわらず，国内で自給できる唯一の鉱物資源である．

最も高等なフズリナの一つヤベイナ（*Yabeina*）の密集した黒色石灰岩

赤坂石灰岩

　岐阜県大垣市赤坂町の金生山は，約250年前から採掘が始まったといわれ，わが国で最も古い歴史のある石灰岩鉱山の一つである．また1874年（明治7年）ドイツのギュンベルがこの石灰岩から産したフズリナの一種を *Fusulina japonica* と命名し記載したが，これは日本から報告された最も古い化石種の新種である．その後この石灰岩からは，フズリナ，サンゴ，軟体動物，腕足類などの化石がたくさん報告され，わが国の古生代化石の宝庫の一つである．

栃木県葛生町唐沢鉱山

　足尾山地南端の葛生地方も二畳紀の石灰岩が広く分布し，盛んに採掘されている．石灰岩の採掘は，普通はこの写真のように山を階段状に大きく削り取る露天掘りをする．この石灰岩のほとんどはフズリナの殻が密集したもので，ここで採掘されたフズリナ石灰岩はセメントの原料に

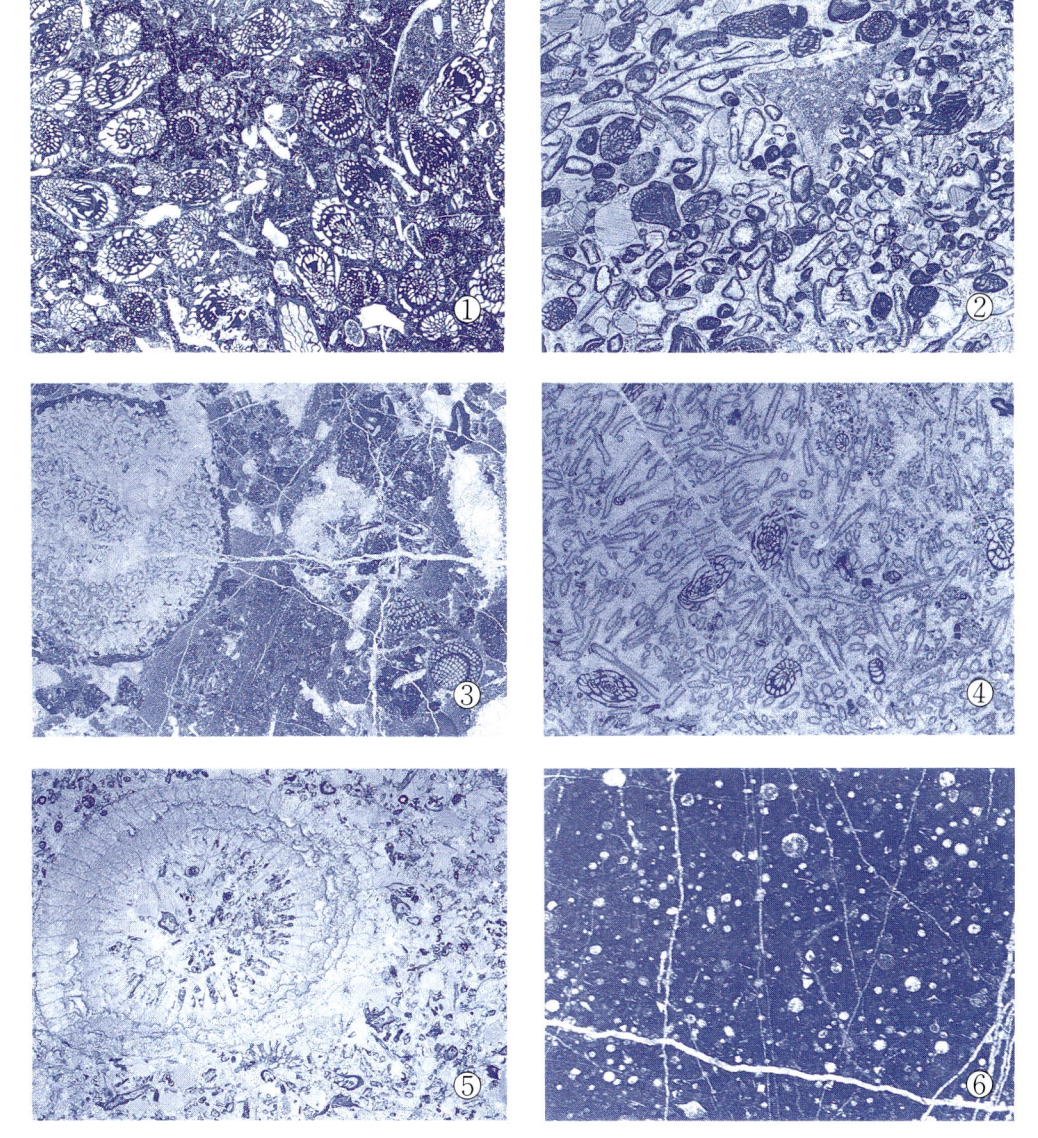

① フズリナの密集した石灰岩，② フズリナ，コケムシ，石灰藻類，ウミユリの破片などを含む石灰岩，③ カイメン，フズリナなどを含む石灰岩，④ 石灰藻類，フズリナを含む石灰岩，⑤ サンゴ，ウミユリの破片，コケムシなどからなる石灰岩，⑥ 放散虫を含む石灰岩で，遠洋の深海で堆積したとみられる石灰岩．

なる．われわれの身の周りにあるコンクリートも，あるいはもとはフズリナであったかもしれない．また葛生付近の石灰岩には，カルシウムがマグネシウムによって一部置換された白雲岩（ドロマイト）が介在する．これも製鋼用耐火材，陶・磁器，肥料などと用途は広い．

石灰岩をつくる化石

　石灰岩をつくる化石の大部分は浅海に生息する無脊椎動物で，フズリナをはじめ各種の有孔虫類，カイメン，サンゴ，腕足類，コケムシ，腹足類，二枚貝類，アンモナイトなどの頭足類，貝形虫，三葉虫，ウミユリなどが代表的である．また石灰藻類と呼ばれる緑藻類や藍藻類・紅藻類なども，直接的あるいは間接的に石灰岩の形成に大きな役割を果たす．これらの化石の間を埋めるものは，海水中から無機的に沈殿した方解石や微粒な石灰泥のことが多い．

（猪郷　久義）

石材として利用される化石──都会は太古のギャラリー

　何億年も昔の太古と現代を私達の眼前で結び付けてくれる化石は，地球上に生命が誕生して以来のかぎりないロマンと愛着を感じさせてくれる．都会のビルには，世界各地から切り出された石灰岩など種種の石材が使用されている．その中には，数千万年前の有孔虫やアンモナイト・ベレムナイトはいうに及ばず，億をこえる年月を経たサンゴやフズリナ，腕足類などの化石が，ビルの外壁・柱・階段・床に

[写真提供：(株)足心社]

露出している場合がある．これらの化石を自分の目で観察し，そこから太古の歴史を読み取る知的作業に挑んでみるのはどうだろう．

　ビルの石材にひそむ化石の発見と観察にはルーペをはじめ，メモ用のスケッチブックとカメラ，スケール，消しゴム，色鉛筆を持参するとよい．根気よく探して，自分だけの化石マップをつくってみるのもいいだろう．ビルは他人の財産なので，相応のマナーと節度を守ることも大切である．

（小畠　郁生）

無定形ケロジェン
　石油が生成され，まさに排出されようとしている様子

草本質ケロジェン

◀ 木質ケロジェン
◀ 石炭質ケロジェン

石炭質ケロジェン

石油の素材としての化石生物

　石油の起源物質については古くから多くの説があるが，現在，それが地球深部のマグマから供給される無機物質であるとする無機起源説と，河川，湖沼，海などにたまった堆積物中の有機物であるとする有機起源説の二つに大別される．無機起源説は主としてソ連・東欧の学者に支持されており，地球における"生命の起源"と関連してきわめて興味がもたれる説である．それとは逆に，有機起源説は堆積物中に石油根源物質と考えられる有機物が多量に含まれていること，原油中に葉緑素誘導体であるポルフィリンを含むことなどの理由から，主としてわが国をはじめ欧米諸国の大部分の学者に支持されている．有機起源説に従えば，"石油"は化石として現在私達の目に触れる過去の生物体に含まれていた有機物が，生化学的分解および堆積物の埋没に伴って起きる熱的分解により，地下深部で熟成・変化して生成されたものであるといえる．

　有機物の中でも酸やアルカリ，有機溶媒に溶けないで，かつ一定の化学構造をもたない高分子有機物である"ケロジェン"と呼ばれる物質が，石油・ガスの根源であるとされている．

　このケロジェン物質は，起源生物の種類によって三つの型に分類されている．すなわち，淡水湖・海成の藻類，生物の角皮および海生の動植物プランクトンを起源生物とする無定形ケロジェン，陸上植物の草類，花粉・胞子を起源生物とする草本質ケロジェン，陸上高等植物の木質・石炭質を起源物質とする木質・石炭質ケロジェンにそれぞれ分類される．それらのケロジェンの中でも，無定形ケロジェンが最も良質な石油根源物質とされている．

（米谷　盛寿郎）

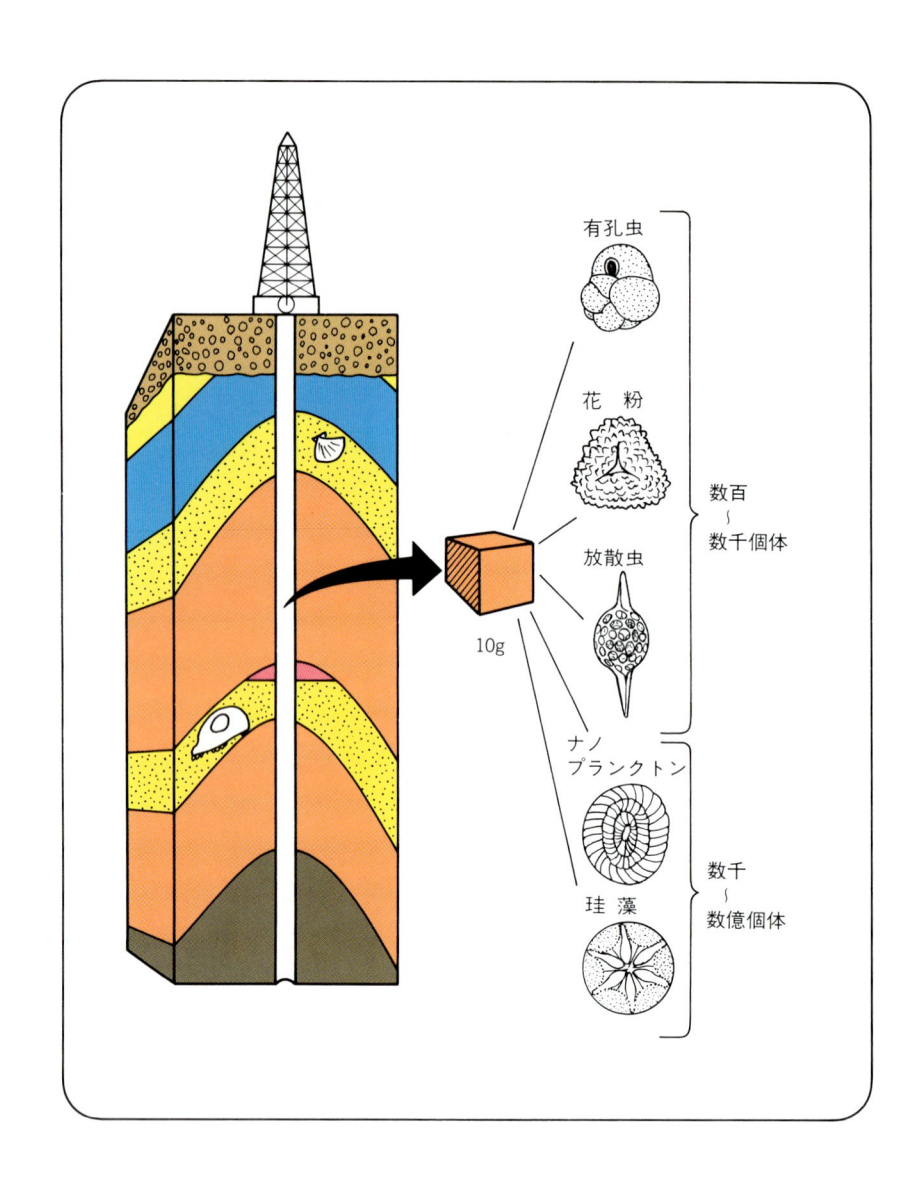

石油の探鉱・開発に役立つ化石——暗闇の地下深部で懐中電灯の役目
　　　　　　　　　　　　　を果たして石油を発見する微化石

　石油は，化石として現在私達の目に触れる過去の生物体に含まれていた有機物が，熟成・変化して生成されたものである．一般に，地下数千mもの深い地層中に存在する石油の発見に，有孔虫，放散虫，珪藻，ナノプランクトン，コノドント，渦鞭毛藻および花粉・胞子などの顕微鏡下でようやく識別できるような微化石が，大きな役割を果たしている．

　石油の探鉱・開発にとって，1) 石油の根源有機物を多量に含んでいる岩石，2) 生成した石油をためておく貯留岩，3) たまった石油を他に逃さないための封塞構造の存在を最も効率よく，迅速に，しかも経済的に安く見つけることが大切である．そのためには，良質の石油根源岩や貯留岩がどのような場所に堆積しているかを予察するために地層の堆積環境を復元すること，石油がいつ生成して，いつ移動・集積したかを知るために地質時代を決定すること，石油が地下のどの地層に存在し，どのように分布し

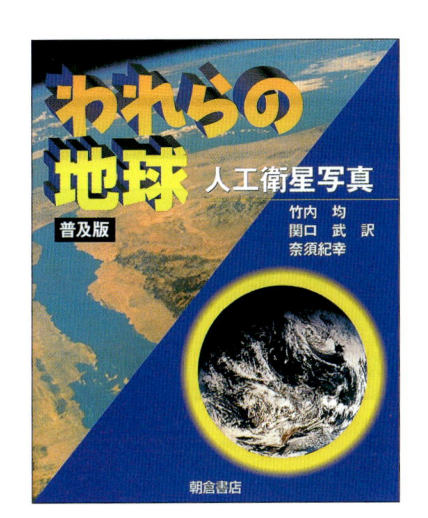

朝倉書店
―復刊のご案内―

われらの地球
人工衛星写真
［普及版］

竹内 均・関口 武・奈須紀幸 訳／原著：NASA
A4変型判　144頁　定価6,090円（本体5,800円）
ISBN4-254-10003-5　C3040

「日本の衛星写真」の姉妹編にあたり，130葉の人工衛星カラー写真により宇宙からとらえた地球の全貌が描かれている。写真には各専門家が興味深い説明を加えている。いままで知られなかった地球の新しい姿が楽しめる好著。

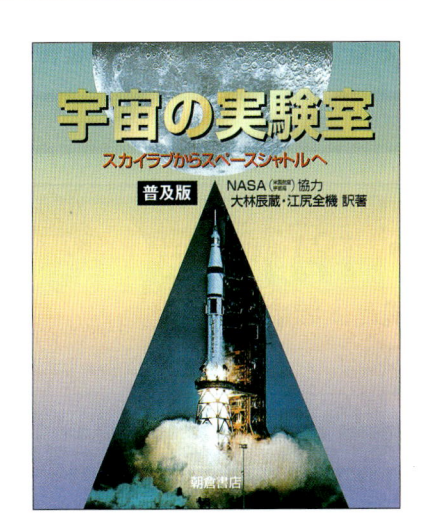

宇宙の実験室
―スカイラブからスペースシャトルへ―
［普及版］

大林辰蔵・江尻全機 訳著／NASA協力
A4変型判　168頁　定価6,090円（本体5,800円）
ISBN4-254-10005-1　C3040

延べ171日にわたるスカイラブでの実験結果を豊富なカラー写真を使ってやさしく解説。無重力宇宙空間での乗組員の生活の様子も興味深く記述。さらに宇宙開発の歴史，スペースシャトル，将来計画（スペースコロニーなど）もあわせて解説

朝倉書店
〒162-8707　東京都新宿区新小川町6-29／振替00160-9-8673
電話 03-3260-7631／FAX 03-3260-0180
http://www.asakura.co.jp　eigyo@asakura.co.jp

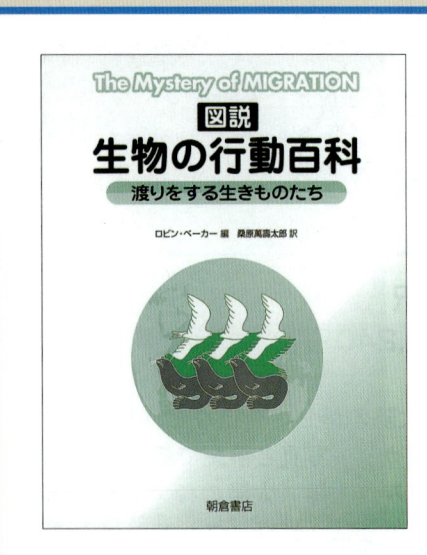

図説 生物の行動百科
―渡りをする生きものたち―
[普及版]

桑原萬壽太郎 訳
Ａ４変型判　256頁　定価9,975円（本体9,500円）
ISBN4-254-10022-1　C3045

鳥の渡りや魚の回遊に代表される生物の"移動"の神秘を豊富なカラー写真・図で示すユニークな書。鳥，植物，昆虫，無脊椎動物，魚，両生類，哺乳類，そして人間にまで言及。英国のハロウ・ハウス社との国際協同出版。20年を経て復刊

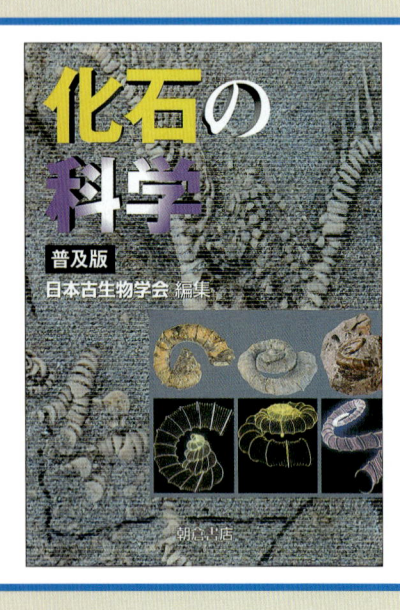

化石の科学
[普及版]

日本古生物学会 編
B5判　136頁　定価6,090円（本体5,800円）
ISBN4-254-16230-8　C3044

日本古生物学会が古生物の一般的な普及を目的に編集。数多くの興味ある化石のカラー写真を中心に，わかりやすい解説を付した。化石とはどのようなものか，古生物の営んできた生命現象，化石が人間の生活に経済面でどう役立っているか説明

化石鑑定のガイド
[新装版]

小畠郁生 編
B5判　216頁　定価5,040円（本体4,800円）
ISBN4-254-16247-2　C3044

特に古生物学や地質学の深い知識がなくても，自分で見つけ出した化石の鑑定ができるよう，わかり易く解説した化石マニア待望の書〔内容〕Ⅰ. 野外ですること，Ⅱ. 室内での整理のしかた，Ⅲ. 化石鑑定のこつ

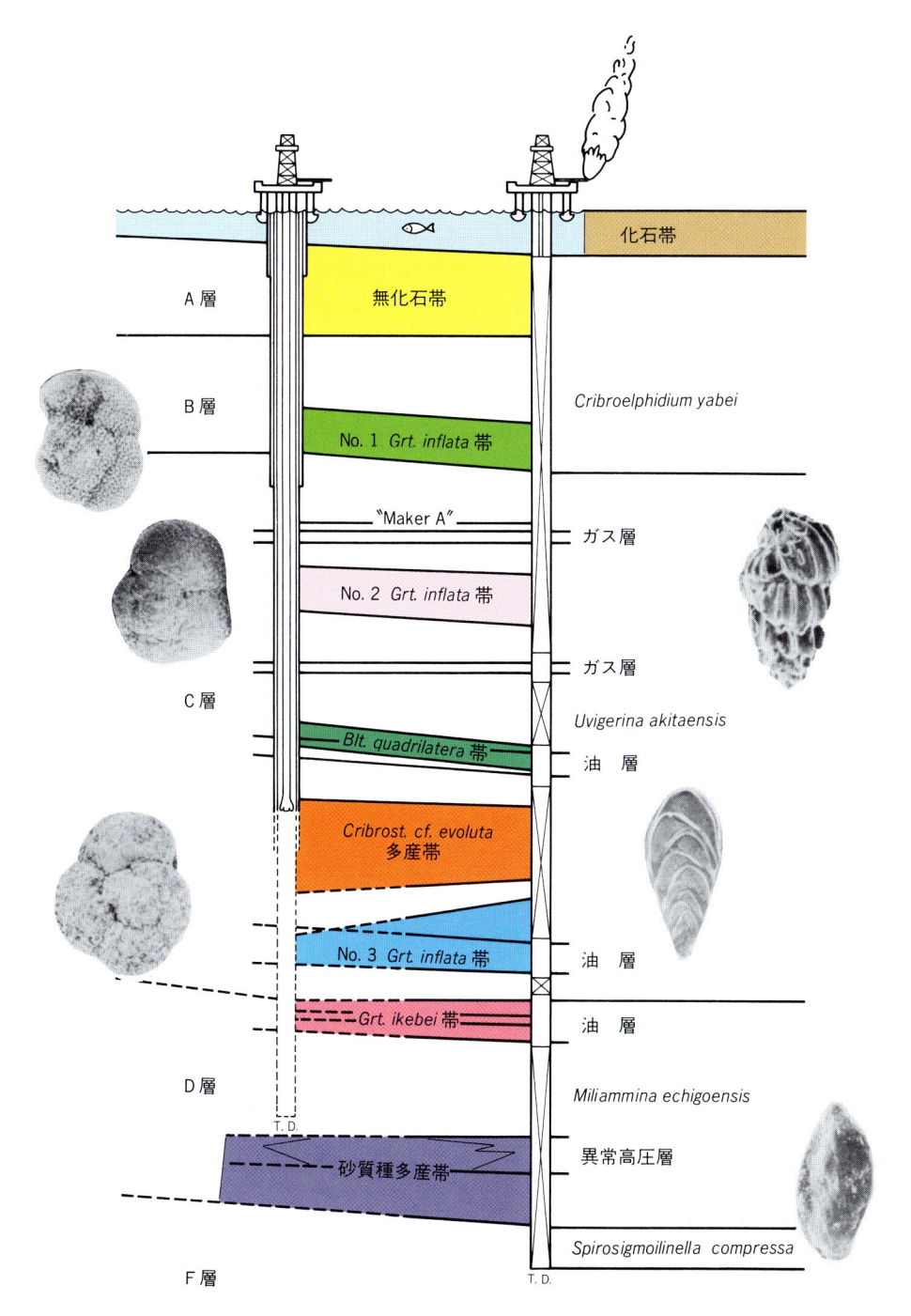

ているかを知るための地質層序の決定や正確な地層対比をすることが必要である．微化石による手法はこれらの作業を最も簡便に，迅速かつ正確に行える手法の一つである．つまり，ボーリングなどで得られるほんのわずかな試料中にたくさん含まれている微化石を分析することによって，地層が堆積した当時の堆積環境を連続的に知ることができるし，また地層をより細かい時間目盛りで細分できるので，地質年代や層序の決定，地層対比を正確に行うことができる．このようにして，各ボーリング坑井における地層や石油を産出する層準と微化石の産状との相互関係が明確になり，地中深く眠る石油を効率よく発見することができる．

（米谷　盛寿郎）

有孔虫化石からみた黒鉱鉱床の形成環境

　金属鉱床と化石とが関係する，というと多くの人は何のことかと不思議に思われるであろう．一般には金属鉱床は，熱水や火成岩の貫入に伴った高熱の場で形成されたという，化石とは無縁のイメージがあるからである．しかし，これから紹介する黒鉱鉱床は，金属鉱床といっても海成の堆積岩に密接に伴って産出するため，その形成環境を化石から議論できるのである．

　黒鉱鉱床は，日本列島の日本海側に広く分布する新第三紀中新世の地層中（1400～1700 万年前）にはい胎する銅・鉛・亜鉛に富んだ黒色の鉱床である．この鉱床は，特に，東北日本の背梁山脈に沿ってほぼ南北に細長く分布しており，堆積岩に伴う産状やかぎられた地質時代に形成されているということとともに，日本列島の形成史と関連してその成因が議論されている．

　黒鉱鉱床の周りの海成層からは，有孔虫という原生動物の化石が多数産出する．有孔虫類には，海の中を

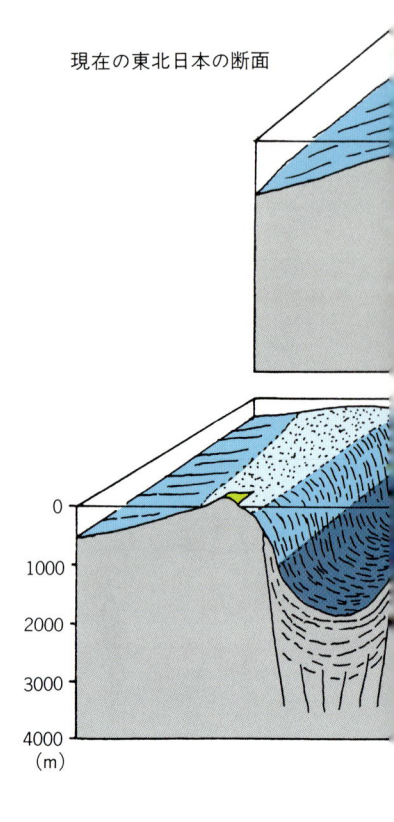

現在の東北日本の断面

中期中新世の化石群集

A
Ammonia tochigiensis
Buccella tanaii
Hanzawaia tagaensis
Nonion kidoharaensis
Cribroelphidium yabei
Miogypsina kotoi
Operculina complanata japonica

B
Amphicoryna fukushimaensis
Bolivina marginata masudai
Bulimina marginata
Cibicides subpraecinctus
Dentalina vertebralis
Planulina nipponica
Rectobolivina raphana

C
Bulimina aculeata
Globobulimina auriculata
Gyroidina orbicularis
Melonis pompilioides
Pullenia bulloides
Stilostomella lepidula
Uvigerina proboscidea
Cyclammina spp.

現在の黒潮流域下の底生有孔虫群集の深度分布

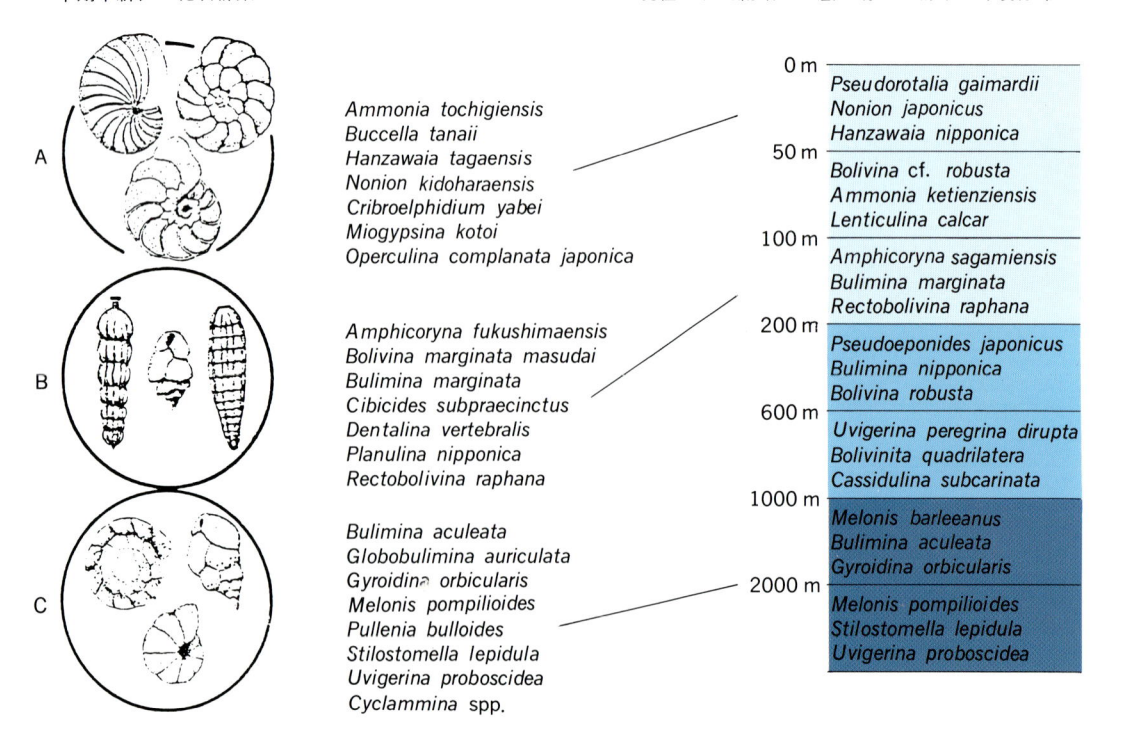

0 m
Pseudorotalia gaimardii
Nonion japonicus
Hanzawaia nipponica

50 m
Bolivina cf. robusta
Ammonia ketienziensis
Lenticulina calcar

100 m
Amphicoryna sagamiensis
Bulimina marginata
Rectobolivina raphana

200 m
Pseudoeponides japonicus
Bulimina nipponica
Bolivina robusta

600 m
Uvigerina peregrina dirupta
Bolivinita quadrilatera
Cassidulina subcarinata

1000 m
Melonis barleeanus
Bulimina aculeata
Gyroidina orbicularis

2000 m
Melonis pompilioides
Stilostomella lepidula
Uvigerina proboscidea

中期中新世の地層に見られる底生有孔虫化石群集と現在の黒潮水域下の群集との比較（北里，1985 より）

中期中新世の東北日本の断面

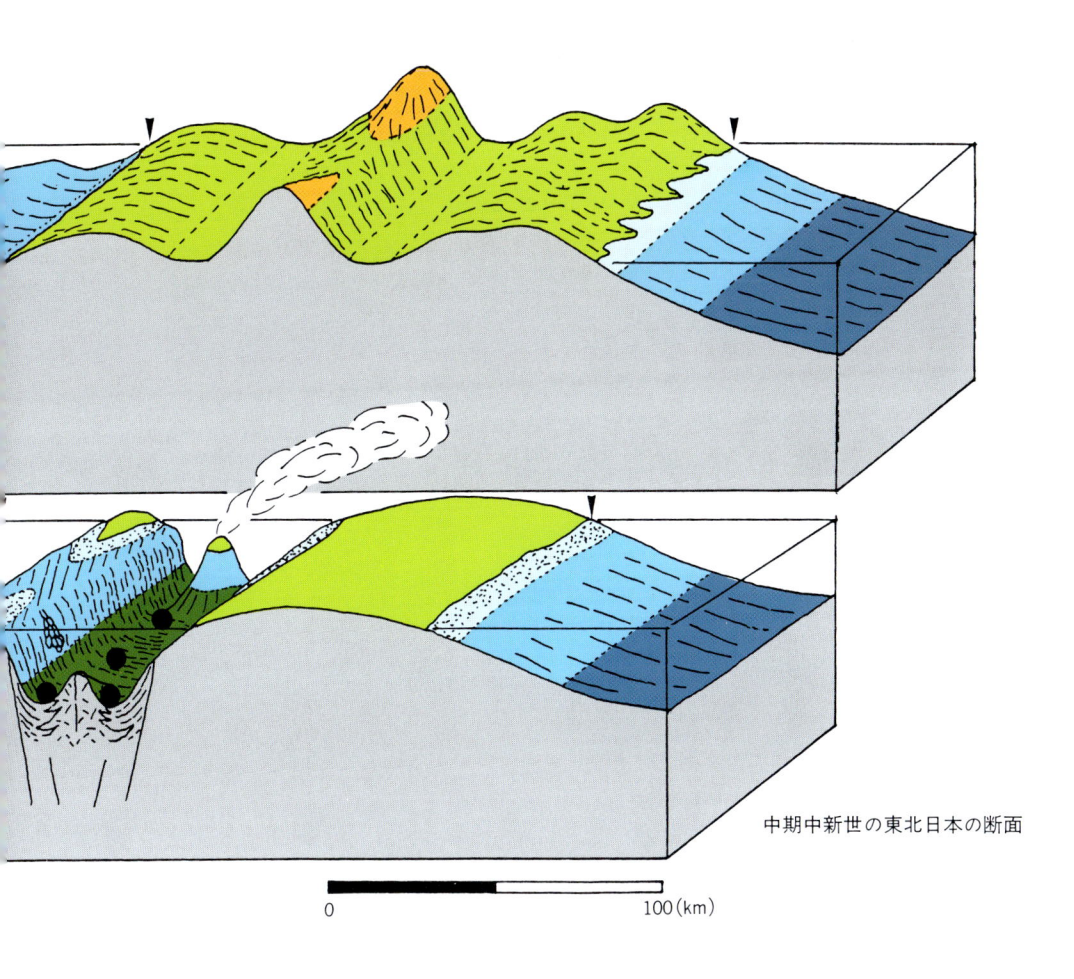

0　　　　100(km)

　浮遊している浮遊性有孔虫と海底で生活する底生有孔虫の二つの生活様式をもった種類がいる．浮遊性有孔虫は時間とともに形態の変化が激しいため，地質時代を決定する材料に使われる．先に述べた黒鉱の形成年代は，浮遊性有孔虫化石から求められたものである．それに対して，底生有孔虫は形態はあまり変わらないものの，海の深さとともに違った種類・群集が生活しているので，地層の堆積深度を推定するのに役立っている．

　東北日本の1400〜1700万年前に堆積した海成層には，底生有孔虫化石が多数含まれている．その化石は種の組合せから三つの群集に分けられ，それぞれ現在の日本近海の0〜50 m，100〜200 m，1000〜2000 mに生息する有孔虫群集に比較される．地層中に含まれる有孔虫化石群集の分布を調査し，それぞれの群集を現在の生息深度で読み替えれば，地層の堆積した時代の古地形を復元することができる．このような手続きを経て復元した黒鉱形成時の東北日本の古地形を示す．

　復元された古地形は，おおよそ南北に伸びる3列の島列とそれにはさまれた2列の深みからなる．黒鉱は，ちょうど現在の背梁の部分にあたる深みに分布している．この深みには火山活動がみられる．鉱床学者は黒鉱が海底の熱水の噴出に伴って形成されたと考えているが，復元された古地形はそれを支持する結果となっている．このようにして復元された海底地形は現在の伊豆-マリアナ弧の地形と似ており，黒鉱はこのような地質環境のもとで形成されていた可能性がある．

　最近，私達の成果を踏まえて伊豆-マリアナ弧で黒鉱に相当する海底熱水性鉱床の探査が始まっている．地質学では「現在は過去を解く鍵である．」というが，過去もまた現在を解く鍵になっているのである．

（北里　洋）

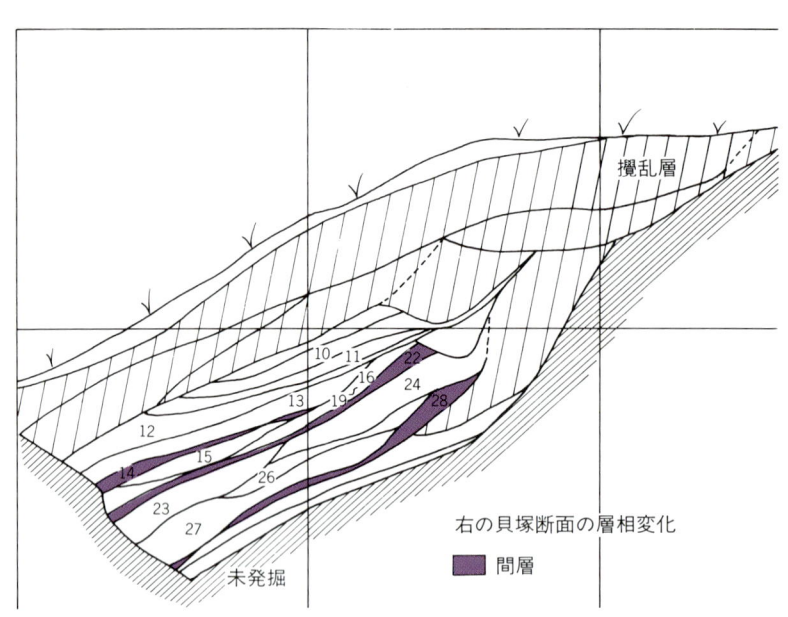

右の貝塚断面の層相変化
■ 間層
攪乱層
未発掘

アサリによる季節推定
（層の番号は右上図の番号と一致する）

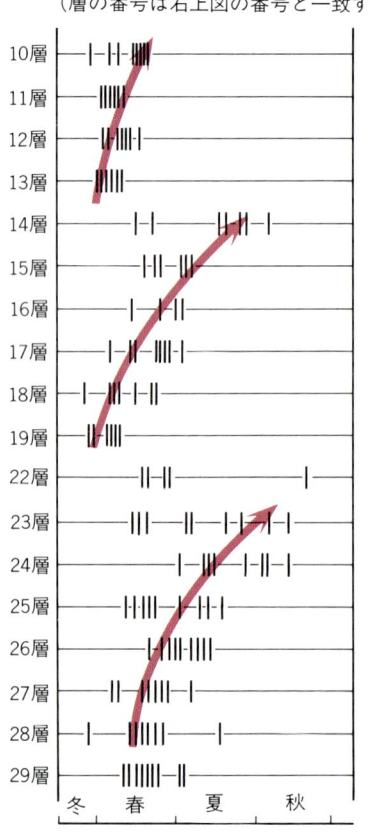

貝殻成長線と古代人の生活カレンダー
―人類の生活の背景

北海道東釧路貝塚（縄文時代前期）人の生活カレンダー

　貝塚の堆積は複雑な様相を示す．それは，いく枚もの薄い貝層や灰層・炭化物層の互層と，生活の痕跡である土器・石器などの道具や加工品からなっている．これらの微細な各層は，縄文時代人の廃棄行為が積み重なって形成されたもので，その堆積の順序に沿って発掘することにより，彼らの諸活動を時間軸に沿って，詳細に復元することができる．

　貝殻成長線をこの貝塚分析に応用すると，貝層の季節推移に沿って縄文時代人の生活カレンダーが描かれていく．たとえば，写真の東釧路貝塚では，初春の3月末から貝類の採取が始まり，対象貝がアサリから，マガキ，ホタテガイへと少しずつ変化しながら，夏まで続く．一方漁撈活動の方は，5月頃ニシン漁が始まり，夏から秋にかけてカレイなどの底生魚の捕獲も加わる．秋から冬にかけては，貝類採取が一段落するので貝層の堆積速度は遅くなり，年周期の鍵層となる混土率の高い間層を形成する．この間層には，ときおりオットセイやアザラシの海獣の骨が含まれる．

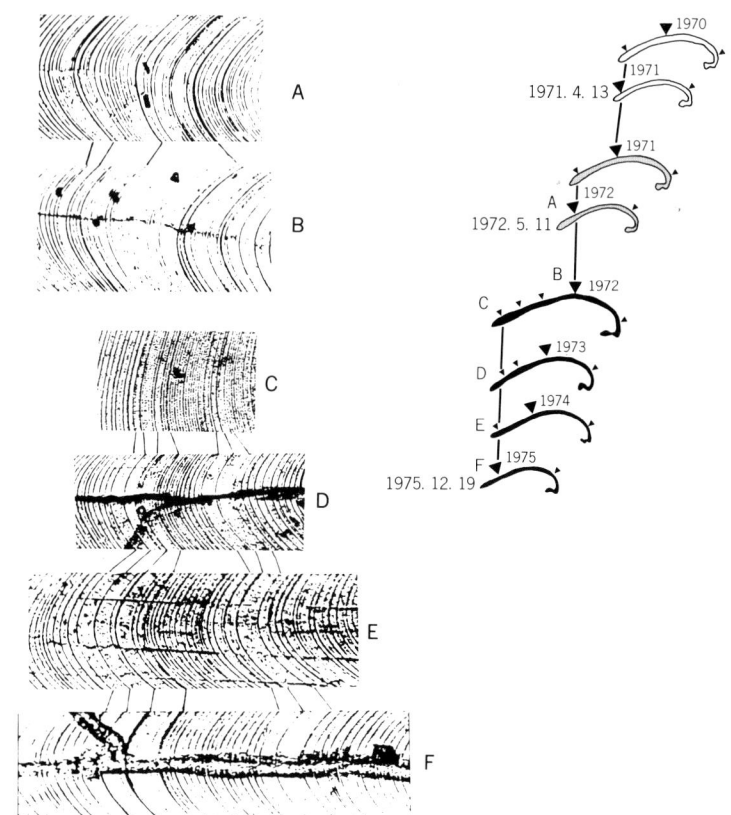

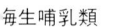

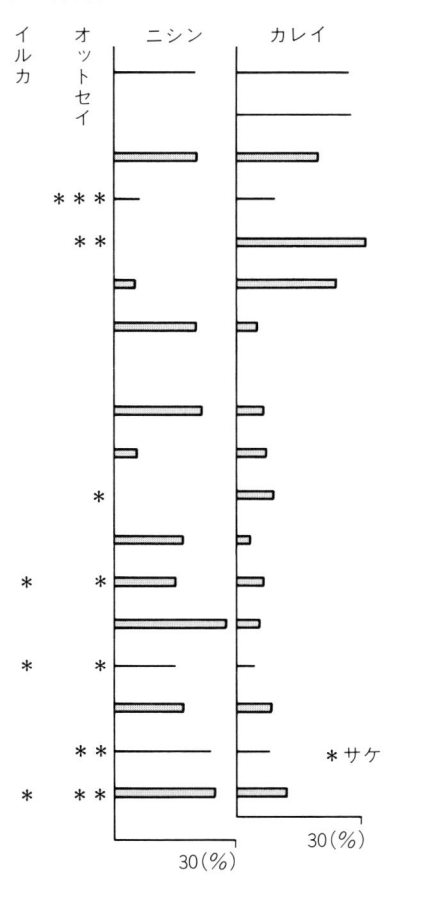

貝殻年代法

　貝殻年代法は，貝殻に刻まれる規則的な成長線を利用したもので，木の年輪年代学と考え方は類似している．左の東釧路貝塚のように，貝殻の季節推定で各発掘単位の季節推移を調査したあと，成長線パターンの解析が始まる．その第一段階は，各季節層がはたして同一年であるかどうか，貝殻の最終冬輪のパターンを互いに比較しながら判定する．さらに連続した堆積間で春から夏，秋へと暦に従って季節が推移する場合にも，それらが同じ年のものかどうか判定し，年周期を検出しておく．第二段階では，確認された各年周期の冬輪パターンを堆積の順序に並べておいて，下の層の貝の最終冬輪が，上の層から出土した貝の何年前の冬輪に対応するかを検討する．この作業を繰り返していって，貝層全体を，最下層を初年とした時間軸に編年するのである．

　上図は有明海産の現生ハマグリの例であるが，1975年に採取された貝の同じ最終冬輪C, D, E, Fは互いによく似たパターンを示し，さらに大型貝の3年前の冬輪Bと，実際に1972年に採取された貝の最終冬輪Aもよく対応している．　　　（小池　裕子）

過去を通して未来をさぐる

私達は，この地球上に保存されているさまざまの記録を，地層累重の法則と化石による地層同定の法則にのっとりながら，地質学的に解釈してきた．その際，岩石中に秘められた古地磁気の歴史や同位元素比の語る放射年代など地球科学的成果を活用し，生物の適応・特殊化・収れん・放散・絶滅など進化上重要な過程を見てきた．私達は，過去の材料の一つ一つに残された事実のほかに，それらを貫く歴史の方向性から，「過去が現在を解く鍵」であることを確信し，未来がどう発展する傾向にあるかという見通しを得ることができる．

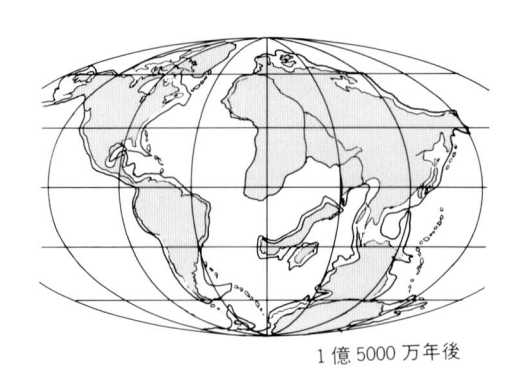

1億5000万年後

現在から1億5000万年未来の世界のことを考えてみよう．プレートテクトニクス，すなわち動く大陸と拡大する大洋底のために，ユーラシア・オーストラリア・アフリカ大陸が陸続きになるであろう．化石と地層の記録が教えるところに従えば，現在のオーストラリアに高度に適応・放散した有袋類の世界は，ユーラシア大陸の動物相との接触による交流のため，衰退の一途をたどるという運命にあるのかもしれない．

近年地球上ですでに絶滅したり，あるいはまた絶滅に瀕している動植物に関する知識は古生物学で詳しい．人類の発展に伴い，多くの動植物は絶滅に駆り立てられている．ゾウやライオンなどが野生で見

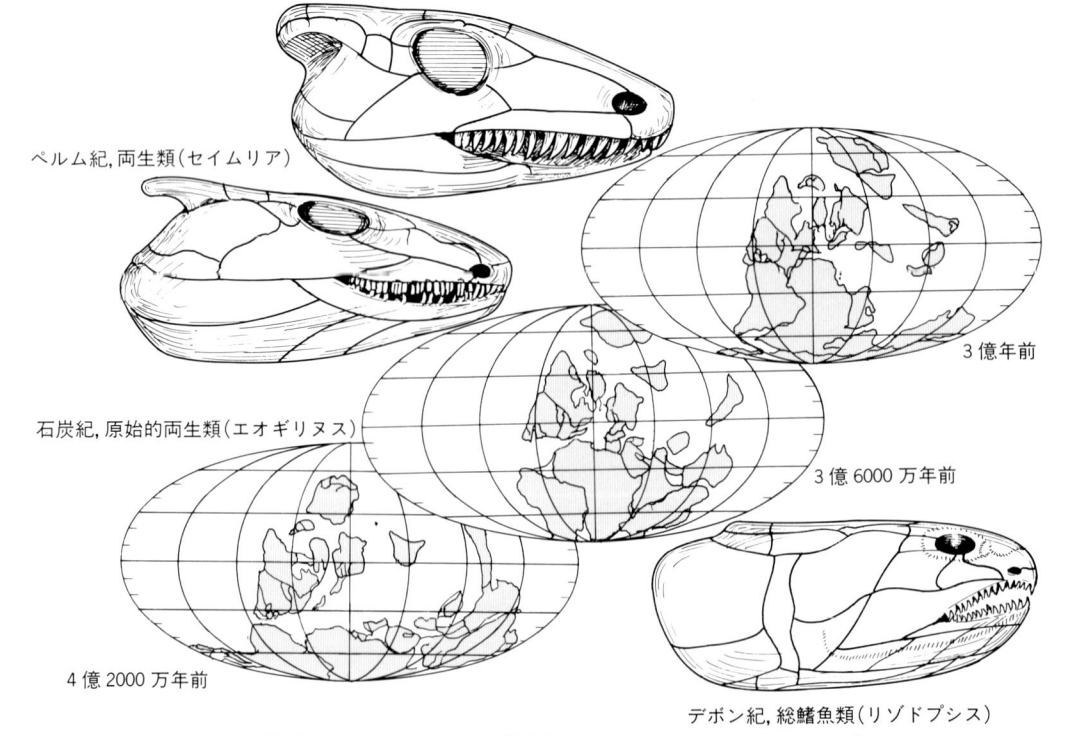

ペルム紀，両生類(セイムリア)

石炭紀，原始的両生類(エオギリヌス)

3億年前

3億6000万年前

4億2000万年前

デボン紀，総鰭魚類(リゾドプシス)

(大陸分布の変遷図はSilver, 1983を，頭骨図はGregory, 1965をそれぞれ改作した)

現世, 類人猿(チンパンジー)

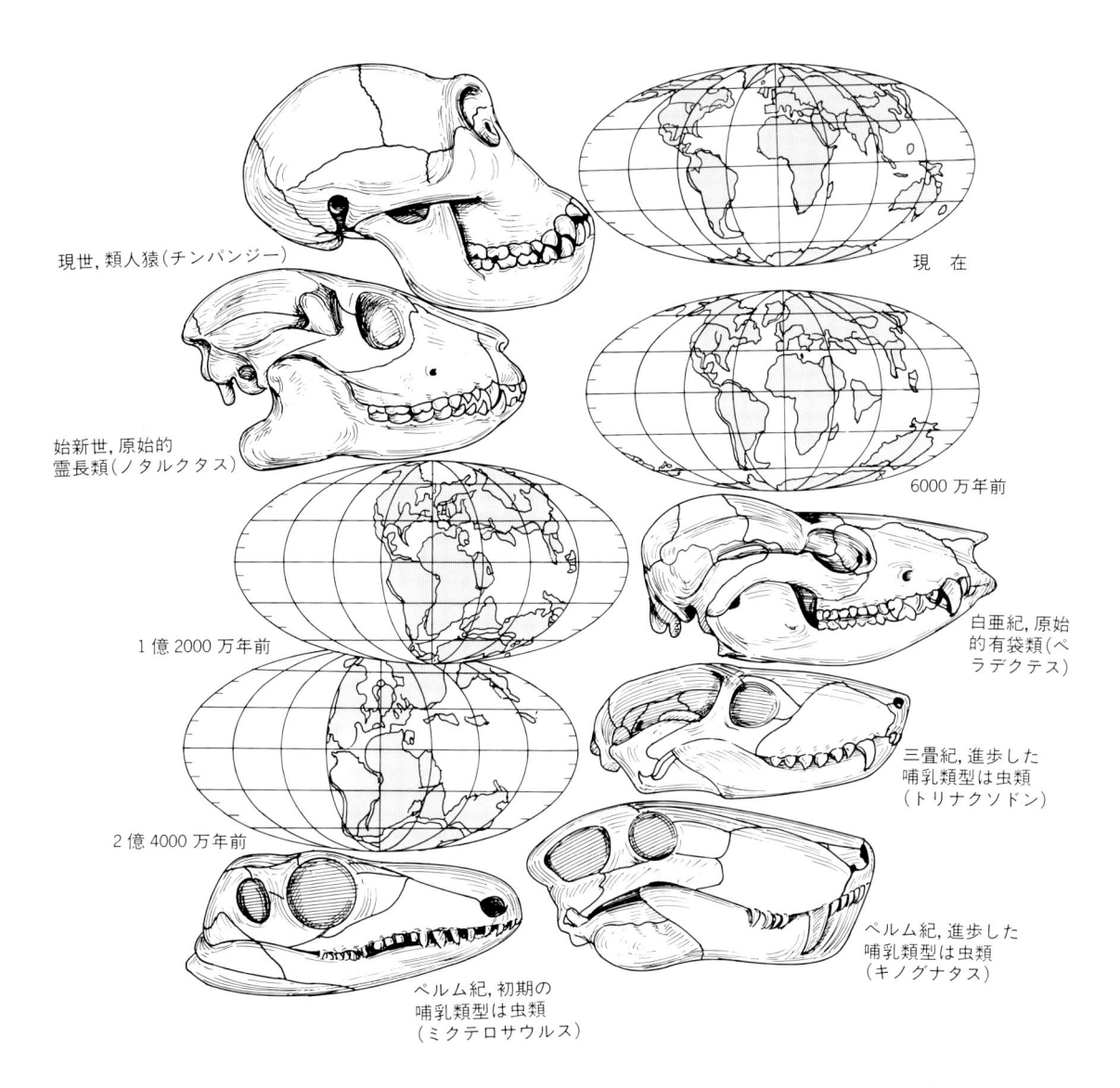

始新世, 原始的
霊長類(ノタルクタス)

1億2000万年前

2億4000万年前

現　在

6000万年前

白亜紀, 原始
的有袋類(ペ
ラデクテス)

三畳紀, 進歩した
哺乳類型は虫類
(トリナクソドン)

ペルム紀, 進歩した
哺乳類型は虫類
(キノグナタス)

ペルム紀, 初期の
哺乳類型は虫類
(ミクテロサウルス)

られなくなるのに，あと100年とはかからないそうだ．化石燃料の燃焼による大気中の炭酸ガス濃度の増加や温室効果の懸念，急速に進む地球砂漠化の防止策も考慮されなければならない．人間は自然界のバランスに強力な破壊力を及ぼしているので，動植物のこれからの進化はこれに大きく影響されるに違いない．

　一方，人類は自らがつくった人工的環境に毒されて進化がストップし，4000〜5000年後には絶滅するのではないかと懸念されている．人類がつくった核の脅威のことを考えると，人類絶滅の危機が自らの手で早められる可能性すらある．両生類・は虫類・ほ乳類から人類に至る道程は，頭脳の発達という著しい特徴とともに，生物進化の必然的結果であった．今後の生物進化や絶滅の問題は，頭脳の生み出した思想や文化・技術からの影響を受けざるをえない．この点にこそ，地球上に人類が出現する以前の動植物と自然環境の織りなした関連を探究する化石の科学を，評価しなければならない理由がある．いわば人工的現代と天然の過去を対照してみる視点が必要なのではあるまいか．

（小畠　郁生・速水　格・斎藤　靖二・谷村　好洋）

[写真・図の出典]

Chen, S. (1934): Fusulinidae of the Huanglung and Maping Limestones, Kwangsi. *Mem. Natl. Res. Inst. Geol.*, 14: 33-48.
Chisaka, T. and Corvalan, D. J. (1979): Fusulinacean fossils from Isla Madre de Dios, Southern Chile, South America. *Bull. Fac. Educ. Chiba Univ.*, 28: 37-47.
Cooke, H. B. S. (1972): The Fossil Mammal Fauna of Africa. *In* Evolution, Mammals, and Southern Continents (Keast, A., Erk, F. C. and Glass, B. eds.), State Univ. N. Y. Press, Albany, pp. 89-139.
Douglass, R. C. and Nestell, M. K. (1976): Late Paleozoic Foraminifera from Southern Chile. U. S. Geol. Surv. Prof. Paper 858, pp. 1-47.
Gregory, W. K. (1965): Our Face from Fish to Man, Capricorn books, New York.
Griffin, L. E. (1900): The anatomy of *Nautilus pompilius*. *Mem. Natl. Acad. Sci.*, 8: 101-197.
Groves, D. I., Dunlop, J. S. R. and Buick, R. (1981): An early habitat of life. *Sci. Am.*, 245(4): 56-65.
Harland, W. B., Cox, A. V., Llewellyn, P. G., Pickton, C. A. G., Smith, A. G. and Walters, W. (1982): A Geologic Time Scale, Cambridge Univ. Press, Cambridge.
Hillmer, G. and Lehmann, U. (1974): Über rezente und fossile "Kopffüβler", Geol.-Paläont. Notizen Univ., Hamburg, 1: 1-12.
Ishii, K. (1962): Fusulinids from the Middle Upper Carboniferous Itadorigawa Group in Western Shikoku, Japan. Pt. 2, Genus *Fusulinella* and other fusulinids. *Jour. Geosci., Osaka City Univ.*, 6: 1-43.
Kanmera, K. (1958): Fusulinids from the Yayamadake Limestone of the Hikawa Valley, Kumamoto Prefecture, Kyushu, Japan. Pt. 3, Fusulinids of the Lower Permian. *Mem. Fac. Sci., Kyushu Univ., ser. D*, 6 (3): 153-215.
北里 洋 (1985): 底生有孔虫からみた東北日本弧の古地理. 科学, 55 (9): 532-540.
Matsukawa, M. (1987): Early shell morphology of *Karsteniceras* (*Ancyloceratia*) from the Lower Cretaceous Choshi Group, Japan and its significance to the phylogeny of Cretaceous heteromorph ammonites. *Trans. Proc. Palaeont. Soc. Japan, n. s.*, No. 147 (in printing).
Minato, M., Hunahashi, M., Watanabe, J. and Kato, M. eds. (1979): Variscan geohistory of northern Japan: The Abean Orogeny, Tokai Univ. Press, Tokyo.
Nogami, Y. (1961): Permische Fusuliniden aus dem Atetsu-Plateau Südwestjapans. Teil 1, Fusulininae und Schwagerininae. *Mem. Fac. Sci., Univ. Kyoto, ser. B*, 27 (3): 159-225.
Obata, I., Maiya, S., Inoue, Y. and Matsukawa, M. (1982): Integrated mega- and micro-fossil biostratigraphy of the Lower Cretaceous Choshi Group, Japan. *Bull. Natl. Sci. Mus., Tokyo, ser. C*, 8 (4): 145-180.
Obata, I. and Matsukawa, M. (1987): Some boreal or subboreal ammonites in the Japanese Barremian, *In* Cephalopods—Present and Past, Schweizerbart'sche Verlagsbuchhandlung, Stuttgart, pp. 469-476.
Ota, M. (1977): Geological studies of Akiyoshi, Pt. 1, General geology of the Akiyoshi Limestone Group. *Bull. Akiyoshi-dai Mus. Nat. Hist.*, 12: 1-33.
Ozawa, T. (1975): Evolution of *Lepidolina multiseptata* (Permian Foraminifer) in East Asia. *Mem. Fac. Sci., Kyushu Univ., ser. D*, 23 (2): 117-164.
斎藤靖二, 綱川秀夫 (1984): 変動する地球, 岩波書店.
Siever, R. (1983): The dynamic earth. *Sci. Amer.*, 249 (3): 46-55.
Simpson, G. G. (1965): The Geography of Evolution, Chilton Books.
Skinner, J. W. and Wilde, G. L. (1966): Permian fusulinids from Marble Canyon Limestone, British Columbia. *In* Permian Fusulinids from Pacific Northwest and Alaska (Skinner, J. W. and Wilde, G. L. eds.), Univ. Kansus Paleont. Contr., Paper 4, pp. 44-54.
Thompson, M. L. (1965): Pennsylvanian and Early Permian fusulinids from Fort St. James area, British Columbia, Canada. *Jour. Paleont.*, 39 (2): 224-234.
Toriyama, R. (1953): New peculiar fusulinid genus from the Akiyoshi Limestone of Southwestern Japan. *Jour. Paleont.*, 27 (2): 251-256.
Toriyama, R. (1958): Geology of Akiyoshi. Pt. 3, Fusulinids of Akiyoshi. *Mem. Fac. Sci. Kyushu Univ., ser. D*, 7: 1-264.
Watanabe, K. (1974): *Profusulinella* assemblage in the Omi Limestone, Niigata Prefecture, central Japan (Studies of Carboniferous fusulinacean of Omi, Pt. 1). *Trans. Proc. Palaeont. Soc. Japan, n. s.*, 92: 371-394.

索　引

ア

赤坂石灰岩　114
赤坂石灰岩層群　57
亜　種　41
圧縮化石　12
アナルセステス　50
アマモ砂底種　66
アマモ葉上種　66
アミメコケムシ類　81
アラレ石　20
アロサウルス　25
アンモナイト　24, 32, 48, 50, 116

ESR法　23
生きている化石　36, 38
イシガイ　21
異常巻きアンモナイト　54
異所性　41
異所性種分化　71
胃　石　4
異地性岩体　108
イノセラムス　32
印象化石　12

渦鞭毛藻　7
ウミユリ　38, 39

エラスモサウルス属　4

オウムガイ　24
大型材化石　110
雄型（印象）　10
温室効果　127
大桑-万願寺動物群　78

カ

貝殻成長線　124
貝殻年代法　125
介形虫（貝形虫）　18, 66
海山型石灰岩　108
貝　塚　124
海底熱水性鉱床　123
カイミジンコ　36
顎片（カラストンビ）　52
掛川動物群　78
過去の日本海　103
化　石　2, 14
　　——による地層同定の法則
　　　　91, 126
　　——の応用　86
　　——の産状　26

　　——の年輪　22
　　——の保存状態　12
化石化作用　34
化石化の過程　26
化石層位学　92
化石燃料　86, 127
化石葉　106
門ノ沢動物群　78
殻の開閉機構　64
乾燥化　68
乾燥気候　107
環太平洋地域　108

基準面　101
キチン分泌細胞　52
機　能　19
キューティクル　106
共　生　76, 77, 81

食い歩き跡　29
首長竜　5
クモヒトデ　45
グリフェア　62
クリメニア　50

珪化作用　34
珪化木　110
蛍光顕微鏡　106
形質連鎖　74
珪　藻　7, 101
珪藻土　113
形態解析　54
系統樹　51
系列漸進進化　57
ゲーム　75
ケロジェン　119
原核生物　17
原生動物　94
　　——の化石　122

口球構造　52
行動様式　67
交　尾　67
剛　毛　19
古海洋　101
ゴカクウミユリ科　38
黒鉱鉱床　122
国際対比　91
コケムシ　81
古生物　24
　　——の研究　44
個体発生　51

古地形の復元　123
古地磁気　126
固着性沪過食　64
ゴニアタイト　50
コノドント　92
　　——の自然集合体　92
こはく　9
コメツキガニ類の巣穴化石　29
昆　虫　9
コンピュータシミュレーション　44

サ

最古の化石　16
最古の岩石　16
再　生　39
サメの歯　4
三角貝　34
サンゴ　115, 116
サンゴ類　89
産　状　32
酸素同位体　102
酸素同位体比　101
三宝山帯　105

示準化石　91, 94
自生の産状　26
自然観　89
自然選択　58
シミュレーション　55
種　40
宗教的論議　86
収れん現象　72
種選択　71
種分化　71
礁　湖　104
衝　突　108
床板サンゴ　76
初期殻体構造　48
植物化石　12
進　化　70
真核生物　17
進化論　89
真珠構造　20
じん帯　64
新第三紀中新世　122

ストロマトライト　17
スランプ層　97

生活様式　19
性行動　66
生　痕　30

生痕化石　24, 28
生殖的隔離　41
成長線　98
生物活動の痕跡　30
生物進化　127
生物地理　82
生命の自然合成　16
石化化石　12
石　材　116
石炭質ケロジェン　119
石灰岩　114, 116
石灰質ナノプランクトン　101
石灰藻類　115
絶　滅　126
ゼノザイロン属　110
セメント　114
セラタイト　50
浅海環境　104
先カンブリア時代　16
漸進説　71

草原化　68
走査型電子顕微鏡　18, 21, 48, 107
相　同　46
草本質ケロジェン　119

タ

体化石　24
大理石　114
大量絶滅　60
タカハシホタテ　62
多型現象　40
多系統　51
他生の産状　26
多層性群体　81
竜の口動物群　78
タフォノミー　32
短冠歯　68
断続説　71

地球の財産　2
地球の自転速度　89
地質構造　86
地層対比　121
地層の上下の判定　97
地層の堆積深度の推定　123
地層累重の法則　91, 126
秩父古生層　93, 95
チャート　113
長冠歯　68
潮汐カーブ　99
チョーク　6

底生有孔虫　123
適　応　66

適応戦略　62
同位体年代測定法　23
同位体比質量分析計　102
動植物プランクトン　113
同所性　41
頭足類　52, 90
動物地理区　82
トゥリリテス　51
鳥の足跡化石　29
ドロマイト　115

ナ

ナノ化石　6

二型現象　58
ニッポニテス　44

ネオシュワゲリナ科　57
年　輪　22

ハ

背　甲　66
白亜紀層　64
白雲岩　115
パンサラッサ　109

微化石　6, 89, 101, 120
干　潟　98
微細構造　18, 19
微小孔　19
飛躍的な形態変化　59
氷山戦略　62
標準化石　91
表皮細胞　106
ヒヨクガイ　58

フィロセラス　48, 50
付　加　108
付加体　95
フジツボ類　40
フズリナ　115, 116
フズリナ石灰岩　108, 114
フズリナ類　57
フタバスズキリュウ　4
普通の化石　10
浮遊性有孔虫　101, 123
プランクトン　101
プランクトン化石　101
プレートテクトニクス　82, 126
フレネロプシス　107
プロトプテルム　72
プロレカニテス　50
ブロントサウルス　25
分子化石　24

ブンブクウニ類　31
閉殻筋　64
ベレムナイト　46, 116
ペンギンモドキ鳥　72
縫合線　51
放散虫　94, 101, 115
放散虫化石　7
放射年代　126
放射年代測定法　23
捕食圧　39
捕食者　62
ほ乳類の栄枯盛衰　68

マ

マガキ　64

ミッシングリンク　70

昔の水温　102
無定形ケロジェン　119

雌型（印象）　10
メガロドン類　104
メセンブリオザイロン類　110

木質ケロジェン　119

ヤ

ヤミノニシキ　59

U字管形の生痕化石　97
有機基質　20
有孔虫　6, 116
有孔虫化石　122
有孔虫類　90

ラ

裸子植物　106
ラセミ化法　23
藍藻類　17

理　学　86
リトセラス　48, 50
理論形態学　54

沪過食者　77

ワ

ワタゾコツキヒ属　34
ワラス線　82
腕足動物　74
腕足類　116

化石の科学	定価はカバーに表示

1987年11月25日　初版第1刷
2004年 3 月 1 日　　第4刷（普及版）

編　者　日本古生物学会
発行者　朝　倉　邦　造
発行所　株式会社　朝倉書店
　　　　東京都新宿区新小川町6-29
　　　　郵便番号　162-8707
　　　　電　話　03(3260)0141
　　　　FAX　03(3260)0180
　　　　振替口座　東京6-8673番
　　　　http://www.asakura.co.jp

〈検印省略〉

© 1987〈無断複写・転載を禁ず〉　　　　中央印刷・渡辺製本

ISBN 4-254-16230-8　C 3044　　　　Printed in Japan

生命と地球の進化アトラス

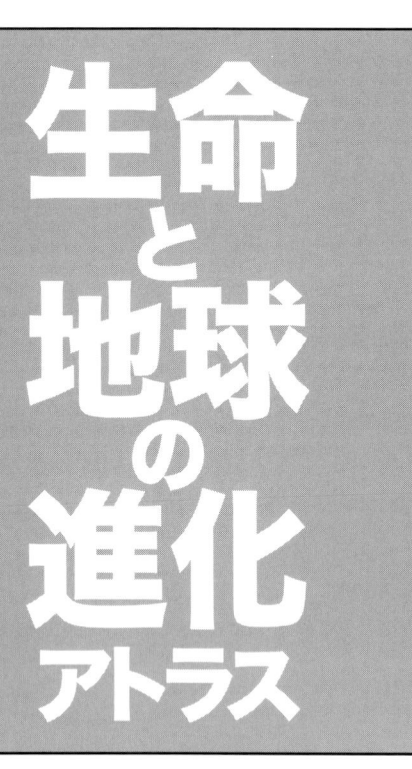

I 地球の起源からシルル紀
A4変型判148ページ 定価（本体8500円＋税）
ISBN 4-254-16242-1 C3044

1 はじめに──地球史の始まり
地球の起源と特質
　●化石のでき方　●化学循環
生命の起源と特質
　●五つの界
始生代（45億5000万年前から25億年前）
　●藻類の進化
原生代（25億年前から5億4500万年前）
　●初期無脊椎動物の進化

2 古生代前期──生命の爆発的進化
カンブリア紀（5億4500万年前から4億9000万年前）
　●節足動物の進化
オルドビス紀（4億9000万年前から4億4300万年前）
　●三葉虫類の進化
シルル紀（4億4300万年前から4億1700万年前）
　●脊索動物の進化

II デボン紀から白亜紀
A4変型判148ページ 定価（本体8500円＋税）
ISBN 4-254-16243-X C3044

3 古生代後期──生命の上陸
デボン紀（4億1700万年前から3億5400万年前）
　●魚類の進化
石炭紀前期（3億5400万年前から3億2400万年前）
　●両生類の進化
石炭紀後期（3億2400万年前から2億9500万年前）
　●昆虫類の進化
ペルム紀（2億9500万年前から2億4800万年前）
　●哺乳類型爬虫類の進化

4 中生代──爬虫類が地球を支配
三畳紀（2億4800万年前から2億500万年前）
　●爬虫類の進化
ジュラ紀（2億500万年前から1億4400万年前）
　●アンモナイト類の進化　●恐竜類の進化
白亜紀（1億4400万年前から6500万年前）
　●顕花植物の進化　●鳥類の進化

III 第三紀から現代
A4変型判148ページ 定価（本体8500円＋税）
ISBN 4-254-16244-8 C3044

5 第三紀──哺乳類の台頭
古第三紀（6500万年前から2400万年前）
　●哺乳類の進化　●食肉類の進化
新第三紀（2400万年前から180万年前）
　●有蹄類の進化　●霊長類の進化

6 第四紀──現代に至るまで
更新世（180万年前から1万年前）
　●人類の進化
完新世（1万年前から現在まで）
　●現代における絶滅

定価は2004年2月現在

朝倉書店
〒162-8707　東京都新宿区新小川町6-29／振替00160-9-8673
電話03-3260-7631／FAX 03-3260-0180
http://www.asakura.co.jp　eigyo@asakura.co.jp

地質年代表

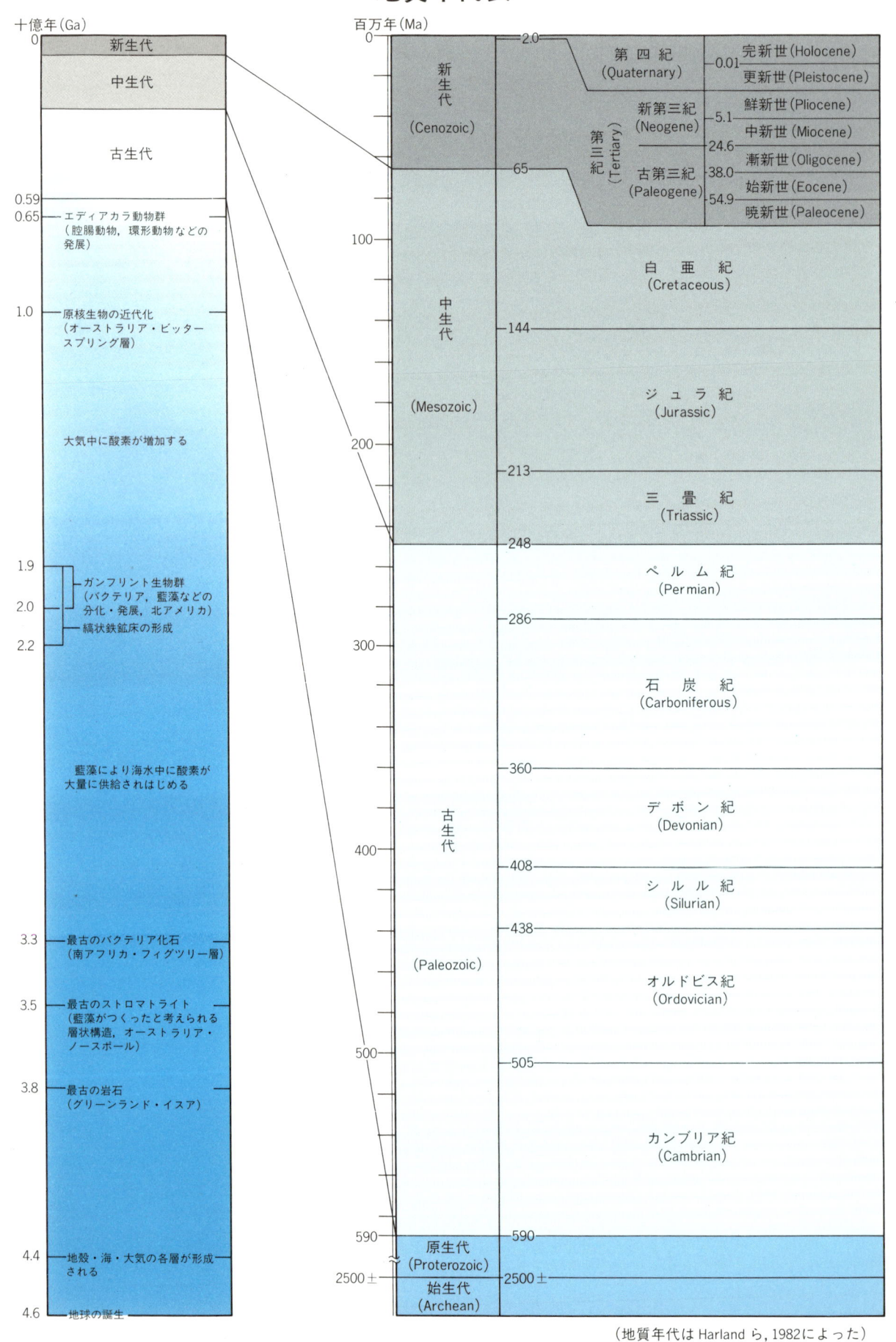

十億年(Ga)		
0	新生代	
	中生代	
	古生代	
0.59		
0.65	エディアカラ動物群（腔腸動物，環形動物などの発展）	
1.0	原核生物の近代化（オーストラリア・ビッタースプリング層）	
	大気中に酸素が増加する	
1.9	ガンフリント生物群（バクテリア，藍藻などの分化・発展，北アメリカ）	
2.0		
2.2	縞状鉄鉱床の形成	
	藍藻により海水中に酸素が大量に供給されはじめる	
3.3	最古のバクテリア化石（南アフリカ・フィグツリー層）	
3.5	最古のストロマトライト（藍藻がつくったと考えられる層状構造，オーストラリア・ノースポール）	
3.8	最古の岩石（グリーンランド・イスア）	
4.4	地殻・海・大気の各層が形成される	
4.6	地球の誕生	

百万年(Ma)				
0	新生代 (Cenozoic)	第四紀 (Quaternary)	2.0	完新世 (Holocene) 0.01 / 更新世 (Pleistocene)
		第三紀 (Tertiary) 新第三紀 (Neogene)	5.1	鮮新世 (Pliocene) / 中新世 (Miocene)
			24.6	
		古第三紀 (Paleogene)	38.0	漸新世 (Oligocene) / 始新世 (Eocene)
65			54.9	暁新世 (Paleocene)
100	中生代 (Mesozoic)	白亜紀 (Cretaceous)		
144		ジュラ紀 (Jurassic)		
213		三畳紀 (Triassic)		
248				
286	古生代 (Paleozoic)	ペルム紀 (Permian)		
		石炭紀 (Carboniferous)		
360		デボン紀 (Devonian)		
408		シルル紀 (Silurian)		
438		オルドビス紀 (Ordovician)		
505		カンブリア紀 (Cambrian)		
590	原生代 (Proterozoic)			
2500±	始生代 (Archean)			

（地質年代は Harland ら，1982 によった）